DraftSightで
きちんと機械製図が
できるようになる本

DraftSight 2018/2017 対応

吉田裕美 著

本書をご購入・ご利用になる前に必ずお読みください

- 本書の内容は、執筆時点（2018年2月）の情報に基づいて制作されています。これ以降に製品、サービス、その他の情報の内容が変更されている可能性があります。また、ソフトウェアに関する記述も執筆時点の最新バージョンを基にしています。これ以降にソフトウェアがバージョンアップされ、本書の内容と異なる場合があります。

- 本書は、DraftSight 2018/2017 の解説書です。本書の利用に当たっては、DraftSight 2018/2017 がパソコンにインストールされている必要があります。

- DraftSightのダウンロード、インストールについてのお問合せは受け付けておりません。また、DraftSight無償版および体験版については、開発元・販売元および株式会社エクスナレッジはサポートを行っていないため、ご質問は一切受け付けておりません。

- 本書はWindows 10がインストールされたパソコンで、DraftSight 2018 SP1を使用して解説を行っています。そのため、ご使用のOSやアプリケーションのバージョンによって、画面や操作方法が本書と異なる場合がございます。

- 本書は、パソコンやWindowsの基本操作ができる方を対象としています。

- 本書の利用に当たっては、インターネットから教材データをダウンロードする必要があります（P.10参照）。そのためインターネット接続環境が必須となります。

- 教材データを使用するには、DraftSight 2018/2017が動作する環境が必要です。これより古いバージョンでの使用は保証しておりません。

- 本書に記載された内容をはじめ、インターネットからダウンロードした教材データ、プログラムなどを利用したことによるいかなる損害に対しても、データ提供者（開発元・販売元等）、著作権者、ならびに株式会社エクスナレッジでは、一切の責任を負いかねます。個人の責任においてご使用ください。

- 本書に直接関係のない「このようなことがしたい」「このようなときはどうすればよいか」など特定の操作方法や問題解決方法、パソコンやWindowsの基本的な使い方、ご使用の環境固有の設定や特定の機器向けの設定などのお問合せは受け付けておりません。本書の説明内容に関するご質問に限り、P.285のFAX質問シートにて受け付けております。

以上の注意事項をご承諾いただいたうえで、本書をご利用ください。ご承諾いただけずお問合せをいただいても、株式会社エクスナレッジおよび著作権者はご対応いたしかねます。予めご了承ください。

- Dassault Systèmes、Dassault Systèmesロゴ、ダッソー・システムズ、ダッソー・システムズロゴ、DraftSight、DraftSightロゴは、フランスDassault Systèmes S.A.のフランスおよびその他の国における商標または登録商標です。
- 本書中に登場する会社名や商品名は一般に各社の商標または登録商標です。本書では®およびTMマークは省略させていただいております。

カバーデザイン────坂内正景
編集協力────株式会社トップスタジオ
印刷────図書印刷株式会社

はじめに

　規格はなんのために存在するのでしょうか。みなさんの身近な規格、「地図記号」の例では、学校であれば「文」を記号化したもの、郵便局は郵便マーク、図書館は本のマークです。漢字で書くよりマークを使うことで狭いところにも書き込めて便利だし、一目でわかりますね。

　でもこれらのマークが地図会社によって違っていたらどうでしょう？　A社の地図では本のマークは図書館を表すのに、B社の地図では本のマークが書店、C社の地図では本のマークは学校を表す。これでは地図を見る人は地図会社の数だけ、マークと建物の関係を覚えなくては地図が読めません。これではとても不便ですね。「本のマークは図書館を表す」と統一することで初めて「マーク化が便利だ」といえるのです。

　設計者の意図を製作者など他の人に伝えるための図面も同じです。伝え方を統一し規格化することで、図を簡略化することができ、より少ない指示で図面の意図を読み手に伝えることができるようになります。そのためには図面をかく人、読む人の双方に規格の知識が必要です。

　また規格に則ってかくことで「図面を読みやすくする」「誤解を避ける」ことにもつながります。

　本書はDraftSightという汎用の2次元CADを使って、ソフトの利点を生かした効率のよい作図方法をご紹介するとともに、最低限知っておくべき機械製図の規格の内容にも触れています。

　これからCADを学習する初心者の方も、また自己流の作図でDraftSightの利点が生かし切れていない方も、そして製図の規格がよくわからないという方にも、参考にしていただければ幸いです。

　　　　　　　　　　　　　　　　　　　　　　　　　　　　　　　　　　　　　吉田 裕美

目次

本書の使い方 ……………………………………………………………………………… 8
教材データのダウンロードについて ……………………………………………………… 10

第1章 機械系CADと機械製図の基礎知識　11

1-1 機械系CADとは ……………………………………………………………… 12
- 1-1-1 設計とは ………………………………………………………………… 12
- 1-1-2 図面の必要性 …………………………………………………………… 13
- 1-1-3 機械系CADの種類 …………………………………………………… 14
- 1-1-4 DraftSightについて …………………………………………………… 14

1-2 機械製図の規格 ……………………………………………………………… 15
- 1-2-1 用紙サイズ ……………………………………………………………… 15
- 1-2-2 図枠と表題欄 …………………………………………………………… 15
- 1-2-3 図面の尺度 ……………………………………………………………… 16
- 1-2-4 線の種類と太さ ………………………………………………………… 17
- 1-2-5 図面に用いる文字 ……………………………………………………… 19
- 1-2-6 寸法 ……………………………………………………………………… 19

1-3 投影法 …………………………………………………………………………… 22
- 1-3-1 投影法の種類 …………………………………………………………… 22
- 1-3-2 第三角法 ………………………………………………………………… 23

第2章 DraftSightの準備と基本操作　25

2-1 DraftSight 2018のシステム要件とラインアップ ……………………… 26
- 2-1-1 OS別システム要件 …………………………………………………… 26
- 2-1-2 DraftSightのラインアップ …………………………………………… 26

2-2 DraftSight 2018のダウンロードとインストール ……………………… 27
- 2-2-1 DraftSightのダウンロード …………………………………………… 27
- 2-2-2 DraftSightのインストール …………………………………………… 29
- 2-2-3 DraftSightのアクティベーション …………………………………… 31

2-3 本書を使用するための設定 ………………………………………………… 33
- 2-3-1 色の変更 ………………………………………………………………… 33
- 2-3-2 拡張子の表示 …………………………………………………………… 34

2-4	起動とファイル操作	35
	2-4-1　起動	35
	2-4-2　画面各部名称	35
	2-4-3　ファイル操作	40

2-5	画面操作	45
	2-5-1　画面の拡大・縮小	45
	2-5-2　画面の移動	46
	2-5-3　全画面表示	46
	2-5-4　その他画面操作	47
	2-5-5　再構築	48

2-6	コマンドの実行	49
	2-6-1　コマンドの実行方法	49
	2-6-2　コマンドのキャンセル／終了方法	49
	2-6-3　コマンドウィンドウ	50
	2-6-4　コマンドオプション	52

2-7	座標入力と作図ツール	53
	2-7-1　座標入力と作図ツールの概要	53
	2-7-2　絶対座標入力と相対座標入力	54
	2-7-3　［スナップ］と［グリッド］	56
	2-7-4　［直交］	57
	2-7-5　［円形状］	59
	2-7-6　［Eスナップ］	61
	2-7-7　［Eトラック］	65
	2-7-8　［Eスナップ上書き］	66

2-8	エンティティの選択と選択解除	68
	2-8-1　エンティティを個別に選択／選択解除する	68
	2-8-2　エンティティをまとめて選択／選択解除する	69
	2-8-3　エンティティを削除する	73

第3章　機械部品の図面を作図する　75

3-1	プレートの作図	76
	3-1-1　この節で学ぶこと	76
	3-1-2　作図の準備	78
	3-1-3　正面図の作図	81
	3-1-4　側面図の作図	92
	3-1-5　寸法の記入	99
	3-1-6　図面のPDF書き出しと印刷	113

- **3-2 キューブの作図** ... 117
  - 3-2-1 この節で学ぶこと ... 117
  - 3-2-2 作図の準備 ... 119
  - 3-2-3 正面図の作図 ... 120
  - 3-2-4 側面図の作図 ... 128
  - 3-2-5 寸法の記入 ... 133
  - 3-2-6 ハッチングの記入 ... 137
- **3-3 フックの作図** ... 139
  - 3-3-1 この節で学ぶこと ... 139
  - 3-3-2 作図の準備 ... 141
  - 3-3-3 正面図の作図 ... 141
  - 3-3-4 平面図の作図 ... 150
  - 3-3-5 寸法の記入 ... 159
- **3-4 ストッパーの作図** ... 164
  - 3-4-1 この節で学ぶこと ... 164
  - 3-4-2 作図の準備 ... 165
  - 3-4-3 正面図の作図 ... 165
  - 3-4-4 寸法の記入 ... 178
- **3-5 留め金の作図** ... 182
  - 3-5-1 この節で学ぶこと ... 182
  - 3-5-2 作図の準備 ... 183
  - 3-5-3 側面図の作図 ... 183
  - 3-5-4 正面図の作図 ... 186
  - 3-5-5 断面部の作図 ... 195
  - 3-5-6 寸法の記入 ... 198

第4章 機械要素の図面を作図する ... 207

- **4-1 パッキンの作図** ... 208
  - 4-1-1 この節で学ぶこと ... 208
  - 4-1-2 作図の準備 ... 209
  - 4-1-3 正面図の作図 ... 209
  - 4-1-4 寸法の記入 ... 215

4-2 歯車の作図 …… 219
- 4-2-1 この節で学ぶこと …… 219
- 4-2-2 作図の準備 …… 222
- 4-2-3 正面図の作図 …… 222
- 4-2-4 側面図の作図 …… 228
- 4-2-5 正面図の作図の続き …… 232
- 4-2-6 寸法の記入 …… 236

4-3 六角ボルトの作図 …… 240
- 4-3-1 この節で学ぶこと …… 240
- 4-3-2 作図の準備 …… 241
- 4-3-3 側面図の作図 …… 241
- 4-3-4 正面図の作図 …… 243
- 4-3-5 作図の仕上げ …… 255

第5章 図面を編集する／便利なその他コマンド 257

5-1 六角ボルトの図面の修正 …… 258
- 5-1-1 この節で学ぶこと …… 258
- 5-1-2 準備 …… 259
- 5-1-3 尺度と長さの変更 …… 259
- 5-1-4 作図の仕上げ …… 268

5-2 ［回転］コマンドの練習 …… 269
- 5-2-1 この節で学ぶこと …… 269
- 5-2-2 現在位置からの角度を数値で指定して回転 …… 270
- 5-2-3 任意の位置を指定して回転 …… 273

5-3 ［点で分割］コマンドの練習 …… 275
- 5-3-1 この節で学ぶこと …… 275
- 5-3-2 かくれ線に変更するエンティティの分割 …… 276

5-4 知っておくと便利なその他のコマンド …… 279
- 5-4-1 リング形状を作成する［リング］コマンド …… 279
- 5-4-2 点を作成する［点］コマンド …… 279
- 5-4-3 均等に点を配置する［マーク分割］コマンド …… 280

索引 …… 281
FAX質問シート …… 285

本書の使い方

本書のページ構成

本書の各節は、作業の区切りごとにいくつかの項に分かれています。

各節は基本的に次のような構成になっており、操作手順の解説と対応する画面が左右に並んで配置されています（第3章以降は、節の冒頭でその節で学ぶ内容や完成図面も紹介しています）。

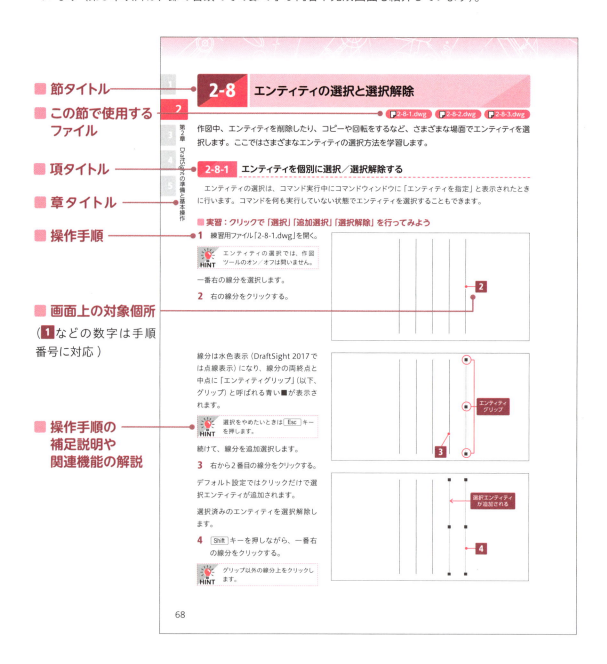

本書で使用する表記

本書では、DraftSightの操作手順を簡潔にわかりやすく説明するために、次のような表記ルールを使用しています。本文を読む前にご確認ください。

なお、本書では特に断りがない限り、DraftSight 2018 SP1を「DraftSight 2018」、DraftSight 2017 SP1を「DraftSight 2017」と表記しています。

■ 画面各部の名称

画面に表示されるリボン、タブ、パネル、ボタン、コマンド、ダイアログボックスなどの名称はすべて[ ]で囲んで表記します（例1）。

（例1）［注釈尺度を選択］ダイアログボックスの［OK］ボタンをクリック

リボン内のコマンドを指示するときは、そのコマンドが配置されているタブやパネルの名称を線（─）でつないで表記します（例2）。
※リボンの「タブ」「パネル」といった領域や、［▼］付きのアイコンについてはP.39を参照。

（例2）［挿入］タブ －［ブロック］パネル －［ブロック挿入］をクリック

■ キーボード操作

キーボードから入力する数値や文字は、「 」で囲み、色付きの文字として表記します。数値やアルファベットは原則的に半角文字で入力します（例3）。
キーボードのキーを押すときは、キーの名称を□で囲んで表記します。

（例3）半径として「3」と入力し、Enterキーを押す

■ マウス操作

本書では主にマウスを使用して作業を行います。マウス操作については右の表に示す表記を使用します。

操作	説明
クリック	マウスの左ボタンをカチッと1回押してすぐにはなす
ダブルクリック	マウスの左ボタンをカチカチッと2回続けてクリックする
右クリック	マウスの右ボタンをカチッと1回押してすぐにはなす
ドラッグ	マウスのボタンを押し下げたままマウスを移動し、移動先でボタンをはなす

■ 本書の作業環境

本書の内容は、右の環境において執筆・検証したものです。本文に掲載する手順および画面はDraftSight 2018 SP1のものですが、DraftSight 2017 SP1でも動作確認済みです（操作方法および画面は一部異なる場合があります）。

- Windows 10（64ビット版）
- DraftSight 2018 SP1 / 2017 SP1
- 画面解像度　1440×900ピクセル
- メモリ　8GB

教材データのダウンロードについて

本書を使用するにあたって、まず解説で使用する教材データをインターネットからダウンロードする必要があります。

教材データのダウンロード方法

- Webブラウザ（Microsoft Edge、Internet Explorer、Google Chrome、FireFox）を起動し、以下のURLのWebページにアクセスしてください。

  `http://xknowledge-books.jp/support/9784767824536/`

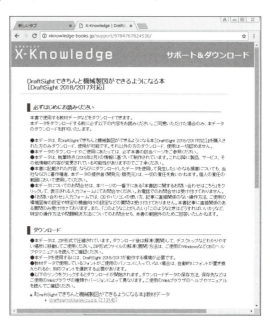

- 図のような本書の「サポート＆ダウンロード」ページが表示されたら、記載されている注意事項を必ずお読みになり、ご了承いただいたうえで、教材データをダウンロードしてください。
- 教材データはZIP形式で圧縮されています。ダウンロード後は解凍して、デスクトップなどわかりやすい場所に移動してご使用ください。
- 教材データを使用するには、DraftSight 2018/2017が動作する環境が必要です。これより古いバージョンでの使用は保証しておりません。
- 教材データに含まれるファイルやプログラムなどを利用したことによるいかなる損害に対しても、データ提供者（開発元・販売元等）、著作権者、ならびに株式会社エクスナレッジでは、一切の責任を負いかねます。
- 動作条件を満たしていても、ご使用のコンピュータの環境によっては動作しない場合や、インストールできない場合があります。予めご了承ください。

教材データの収録内容

各章で使用する教材データが、ZIPファイルに収録されています。詳細はダウンロードページを参照してください。

本書の第3章や第4章では、節ごとに新規作成したファイルに対して積み上げ式で作業を行っていきますが、途中の項からでも作業を開始できるように、途中段階のデータも用意してあります。途中段階のデータを使用できる場合は、該当の項の手順のはじめに"練習用ファイル「3-1-3.dwg」を開く（または3-1-2で作成した図面ファイルを引き続き使用）"のように明示しています。

なお、練習用ファイルを使って作業を完了した状態のファイルが、教材データに「○○_完成.dwg」のような名前で収録されています。参考としてご利用ください。

第1章

機械系CADと機械製図の基礎知識

本書では汎用CADの1つである「DraftSight」を使った製図について解説していきます。この章ではまず、「機械系CADとはなにか?」ということや、機械製図を行ううえでの基礎知識について説明します。

《この章の内容》
1-1 機械系CADとは
1-2 機械製図の規格
1-3 投影法

1-1 機械系CADとは

CAD (Computer Aided Design) とは「コンピュータで設計を支援し図面をかくこと、または設計を支援するソフト」のことです。なかでも機械を設計するのに適したCADのことを機械系CADと呼びます。本書では、汎用CADでありながら、機械設計によく用いられる「DraftSight」を使った製図について解説していきます。

1-1-1 設計とは

みなさんは「設計」をしたことがありますか? これからCADを習おうとする方のなかには「ありません」と答える人も多いのではないでしょうか。では、「子どもの頃、夏休みの工作の宿題など、自分で考えたものを作ったことがありますか?」と聞くと大半の人は「それならあります」と答えるのではないでしょうか。

そこでここではA君が夏休みの工作の宿題として本棚を作った例に当てはめて、設計と図面について考えてみましょう。

上記のように、「なにで作ろうか?→木にしよう→どんな本棚?大きさは?→机にのるサイズにしよう…」と考えていき、最終的には色や、表面の質感なども考慮していきます。

このような「作りたいものの詳細を決めていく作業」が「設計」なのです。

1-1-2　図面の必要性

　夏休みの宿題の場合は、作成するものは1点限りのことが多いですね。頭の中で設計したものを作成して、そこで完了です。では、作成するものが1点限りではなかった場合はどうでしょうか。

　作品展に出展したA君の本棚は大変人気で、クラスのみんなが同じものを作りたいと言い出しました。作成者のA君には、連日クラスメートから「どんな木を使ったの？」「塗ってある色はどこの、なんていうペンキ？」「表面はどのくらいの粗さのヤスリで磨いたの？」など、問い合わせが殺到します。そのたびにA君は「木は○○だよ」「ヤスリは○号」「ペンキの色は○○っていうメーカーの○○っていう色だよ」…次々と質問に答えなければなりません。作っている人たちも、A君に質問ができないと作業が滞ってしまいます。

　A君が作成するクラスメートたちにその都度質問攻めにされないようにするにはどうしたらよいでしょうか。

　たとえば、作成に必要な情報をすべて紙にかいておいたらどうでしょう。作りたい人はA君にその都度問い合わせなくても、その紙を見れば作ることができるようにしておきます。その紙をコピーして持ち帰れば、みんな家で紙を見ながら作成することもできます。A君は作成するために必要なことを紙にかき、みんなに渡しました。

> ・大きさは○○センチ×○○センチ×○○センチ
> ・色は○○というメーカーの○○というペンキ
> ・表面は○号のヤスリでよく磨く

　A君は「これで質問は来ないだろう」と安心していたのですが、質問はまだ来ます。
「大きさはどっちから見たほうがどの長さなの？」
「『ヤスリでよく磨く』って、どのくらいよく磨くの？」
「ペンキはどことどこに塗ればいいの？」

　"よく磨く"のような"あいまい"な表現ではそっくり同じものを作ることはできません。夏休みの工作レベルの話ではそれほど問題ではないかもしれません。しかし、これが実際の工業製品であった場合はどうでしょう。どこの工場で作ってもどの製作者が作っても、設計者の意図通りの部品が作られなければなりません。

　意図通りのものを作るには、あいまいな表現を避け、確実に伝わる表現が必要です。さらに、作成に必要な情報をすべて書き込まなければなりません。また、図面をかいた人と読み取る人が同じ基準で見なければ同一のものは作れません。そのため、図面をかくルールを決める必要があります。この「共通のルール」をまとめ、制定したものを「規格」といいます。

　規格には、国際的な規格のISO、日本規格協会が定める日本工業規格（以下、「JIS」）などがあります。JISに則ってかかれた図面をJISの規格の知識がある人が読み取ることで、正確に意図が伝わります。図面をかく人は【規格に沿って】、【作成に必要なすべての情報】を、【あいまいな表現を避け】、【効率よく】かく必要があります。この「見ればどう作るのかがわかる内容を、規格に沿って効率よくかきまとめたもの」が図面です。

1-1-3 機械系CADの種類

20〜30年ほど前まで、図面は製図者によって手がきでかかれていましたがコンピュータの発達に伴って、「コンピュータで設計を支援し図面をかくソフト」が現れました。それがCAD（Computer Aided Design）です。なかでも機械を設計するのに適したCADのことを機械系CADと呼び、さらに「3D CAD」と「2D CAD」に大別されます。

「3D CAD」はその名の通り、機械パーツを3D（3次元の立体情報）で設計するためのCADです。3Dで設計・検討を行い、パーツを作成していきますが、図面として仕上げるには3D CADに搭載された2D化機能を使い、三面図へと展開する必要があります。代表的な3D CADとしては、ダッソー・システムズ社の「CATIA」や「SOLIDWORKS」、オートデスク社の「Inventor」などがあります。

一方、「2D CAD」は機械パーツを最初から2D（2次元の平面情報）で設計するためのCADです。設計・検討とも2次元の平面上で行います。図面として仕上げるには設計・検討された図を使って、部品図などを三面図として作成していくのが一般的です。2D CADとして、昨今、注目を集めているのがダッソー・システムズ社の「DraftSight」です。

1-1-4 DraftSightについて

DraftSightは、建築・土木・機械分野をはじめとしたさまざまな分野で利用されている汎用2D CADです。高いシェアを持つ2Dの業界標準CAD「AutoCAD」のDWG形式の書き出し、読み込みが標準で行えるのが大きな特徴です。現在、有償版の「DraftSight Professional」に加え、無償版も開発元のダッソー・システムズ社のWebサイトで配布されています。

本書では、Windows 10環境で、無償版の「DraftSight 2018 SP1」（64bit版）を使って、機械図面をかくための基本操作と機械製図の基礎を解説していきます。DraftSight 2018 SP1とDraftSight 2017 SP1で表示や操作が異なる場合は、それについても補足説明します。

本書の解説では単に「DraftSight 2018」「DraftSight 2017」と記載されていますが、それぞれDraftSight 2018 SP1、DraftSight 2017 SP1を指しています。

1-2 機械製図の規格

JISの製図の規格は、「機械」「建築」「土木」など業界ごとに分けられた部門別の製図規格と、共通で使われる「基本」の製図規格があります。さらに「CAD」の分類には「CAD機械製図」の規格もあり、これらを組み合わせて作図します。機械製図を行うとき、まず「機械製図」と「CAD機械製図」の規格に従い、これらに記載がない事柄に関しては「基本」に従います。機械製図に必要な規格は、「基本」「機械製図」「CAD機械製図」を合わせて1000ページを超える文書になります。すべてをここで取り上げることはできませんので、最低限必要となる要点を解説します。

1-2-1 用紙サイズ

機械製図ではA列のA0～A4サイズの用紙を使います。A列、B列というのはJISの用紙の大きさに関する規格の種類で、A列規格の代表的なものに新聞があります。新聞の折り目を全部広げた全面サイズがA1サイズです。B列でなじみのあるものとしては、一般的な大学ノートのサイズがB5サイズです。本書もB5サイズです。

注意 国際標準であるISOの規格と日本標準であるJISの規格では、B列のサイズに若干の違いがあります。ここではJISのB列について述べています。

A列、B列ともに数字の部分、A4の「4」の部分や、A3の「3」の部分が、それぞれの大きさを表します。新聞の折り目を全部広げた大きさがA1、これの長手方向を中心で二つ折りをした大きさがA2、さらにA2の長手方向を中心で二つに折るとA3になります。

機械製図では、A0～A3サイズの用紙の長い辺を横に置きます。ただし、A4サイズに限っては、縦・横どちらを使ってもよいことになっています。

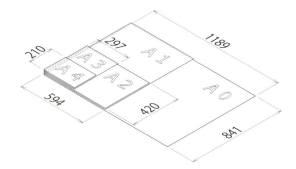

呼び方	寸法（横×縦）
A0	1189×841mm
A1	841×594mm
A2	594×420mm
A3	420×297mm
A4	297×210mm 210×297mm

HINT 図面はA列の各サイズに入るように配置しますが、入りきらない長い対象物の場合は、用紙の短辺を整数倍した延長サイズも使用できます。

1-2-2 図枠と表題欄

機械製図では図面をかくために用紙に枠を配置し、その枠内に図形をかきます。この枠を「図枠」といいます。図枠の各部名称は次ページの通りです。図の一番外側の四角形を用紙の縁として見てください。

その少し内側にある四角形が輪郭線です。輪郭線と用紙の縁の間を輪郭といいます。輪郭は、図面の縁からの損傷で図面の内容が損なわれないように設ける余白部分のことです。

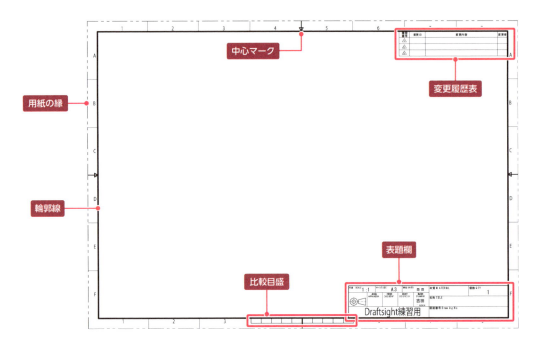

輪　郭　線：用紙の縁から図面をかく領域を守るために余白を設け、余白と図面をかく領域の境界位置を輪郭線で区切ります。輪郭線は最小太さ0.5mmの実線でかきます。なお、余白（輪郭）の幅にも次の表のような決まりがあります。

用紙サイズ	上下右輪郭 最小値	左輪郭の最小値	
		綴じない場合	綴じる場合
A0	20mm	20mm	20mm
A1	20mm	20mm	20mm
A2	10mm	10mm	20mm
A3	10mm	10mm	20mm
A4	10mm	10mm	20mm

中心マーク：図面の複写や撮影の位置合わせに使われるマークです。
表　題　欄：図面番号、図名、製図者、設計者などを明記するための表で、図面中の右下に配置します。機械製図では、表題欄の長さは170mm以下としています。
比　較　目　盛：図面を拡大・縮小したときの縮尺の目安にするために設けます。
変更履歴表：図面の変更や訂正について、日時や変更者、変更内容などを記しておきます。上の例では図面中の右上に配置していますが、位置の決まりはありません。

1-2-3　図面の尺度

対象物を拡大して、実際の大きさよりも大きくかく場合の尺度を「倍尺」、縮小して、実際の大きさよりも小さくかく場合の尺度を「縮尺」といい、実際の大きさ通りでかく尺度を「現尺」といいます。

尺度は、対象物の実際の大きさと、図面中での大きさの比率で、「A：B」のように表します。「A」にはものの図面上での長さ、「B」には対象物の実際の長さの数値を入れます。倍尺では「B」を「1」に、縮尺

では「A」を「1」にすることになっており、「3：2」のような尺度は使いません。

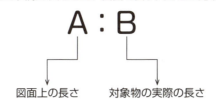

ものの実際の大きさと、図面で表す大きさの比率

A：B

図面上の長さ　対象物の実際の長さ

　機械製図では、次の表のような「推奨尺度」を設けており、図面ではなるべくこの尺度を使うようにという決まりになっています。

　1つの図面の中に複数の尺度の図がある場合は、主となる尺度のみを表題欄に記入し、残りの尺度は、その尺度の対象となる図の近くに記入します。

種別	推奨尺度		
倍尺	50：1	20：1	10：1
	5：1	2：1	
現尺	1：1		
縮尺	1：2	1：5	1：10
	1：20	1：50	1：100
	1：200	1：500	1：1000
	1：2000	1：5000	1：10000

 DraftSightでは、作図はすべて現尺（1：1）で行います。大きな対象物も大きなままかいて、印刷時に縮小印刷します。そのため、「図面上の長さ」は、「A3図面をA3用紙に印刷したときの長さ」ということになります。

1-2-4　線の種類と太さ

　図形は線を組み合わせてかきますが、機械製図では用途に応じて線の種類「線種」や線の太さを使い分けるように指定しています。複数の線種を使うことによって図面を見やすくするためです。DraftSightでは1つの線種に1つの画層を割り当てて使います（画層についてはP.84の「Column」で説明します）。

　次の図と表は、機械図面に使われる主な線種を用途ごとに分類したものです。

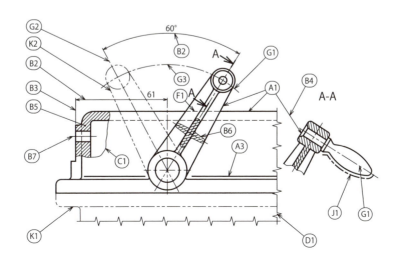

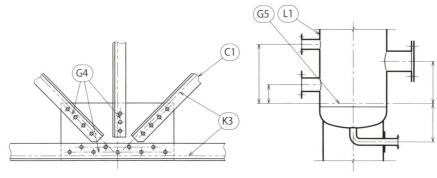

線の種類		定義	一般的な用途	
A	———————	太い実線	A1 A2 A3	見える部分の外形線 見える部分の稜を表す線 仮想の相貫線
B	———————	細い実線（直線または曲線）	B2 B3 B4 B5 B6 B7	寸法線 寸法補助線 引出線 ハッチング 図形内に表す回転断面の外形 短い中心線
C D	〜〜〜 ―\/\―\/\―	フリーハンドの細い実線 細いジグザグ線（直線）	C1,D1	対象物の一部を破った境界、または一部を取り去った境界を表す線
E F	- - - - - - - - - - - - -	太い破線 細い破線	E1 E2 F1 F2	隠れた部分の外形線 隠れた部分の稜を表す線 隠れた部分の外形線 隠れた部分の稜を表す線
G	—-—-—-—	細い一点鎖線	G1 G2 G3 G4 G5	図形の中心を表す線（中心線） 対称を表す線 移動した軌跡を表す線 繰り返し図形のピッチをとる基準を表すのに用いる線 特に位置決定のよりどころであることを明示するのに用いる線
H	—-—⌐_⌐—-—	細い一点鎖線で、端部および方向の変わる部分を太くしたもの	H1	断面位置を表す線
J	—-—-—-—	太い一点鎖線	J1	特別な要求事項を適用すべき範囲を表す線
K	—--—--—	細い二点鎖線	K1 K2 K3 K4 K5	隣接する部品の外形線 可動部分の可動中の特定の位置または可動の限界位置を表す線（想像線） 重心を連ねた線（重心線） 加工前の部品の外形線 切断面の前方に位置する部品を表す線
L	———————	極太の実線	L1	圧延鋼板、ガラスなどの薄肉部の単線図示をするのに用いる線

　図面には細線、太線、極太線の3種類の太さの線を使用します。細線：太線：極太線の比率が1：2：4になるように、0.13mm、0.18mm、0.25mm、0.35mm、0.5mm、0.7mm、1mm、1.4mm、2mm の中から選択します。

　2種類以上の線が重なるときは優先する種類の線でかきます。線の優先順位は表の通りです。

優先順位	線の種類
1	外形線
2	かくれ線
3	切断線
4	中心線
5	重心線
6	寸法補助線

1-2-5 図面に用いる文字

図面に用いる文字について、機械製図の規格では次のように定めています。

- 常用漢字（16画以上はできる限り仮名）
- 仮名はひらがな、カタカナを用い、混用しない
  （外来語の表記にカタカナを使う場合は混用とみなさない）
- ラテン文字、数字、記号は、直立体または斜体を用い、混用しない
- 文字の隙間「a」は、文字の線の太さ「d」の2倍以上とする（次の図を参照）
- ベースラインの最小ピッチ「b」は、用いている文字の最大の呼び「h」の14/10とする

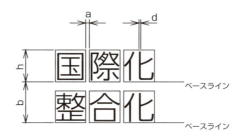

1-2-6 寸法

DraftSightは、画面上のさまざまなタイプのオブジェクトに対して長さや角度などを示す寸法を記入できます。寸法の構成要素は次の図の通りとなり、主に寸法数値、寸法線、端末記号、寸法補助線などの要素から成り立っています。

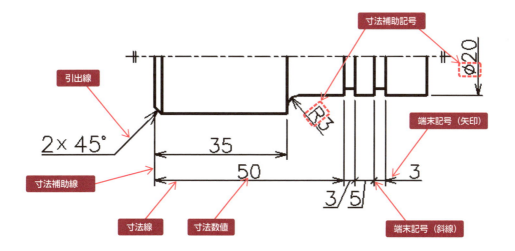

寸法記入の一般事項について、機械製図の規格の中から主な規定を抜粋すると、次のようなものがあります。

- 対象物の機能、製作、組立などを考えて、図面に必要不可欠な寸法を明瞭に指示する。
- 対象物の大きさ、姿勢および位置を最も明確に表すのに必要で十分な寸法を記入する。
- 寸法は、寸法線、寸法補助線、寸法補助記号などを用いて、寸法数値によって示す。
- 寸法は、なるべく正面図（主投影図）に集中して指示する。
- 図面には、特に明示しない限り、その図面に図示した対象物の仕上がり寸法を示す。
- 寸法はなるべく工程ごとに配列を分けて記入する。
- 関連する寸法は、なるべく1カ所にまとめて記入する。
- 寸法は、重複記入を避ける。ただし、一品多葉図で重複寸法を記入したほうが図の理解を容易にする場合には、寸法の重複記入をしてもよい（その場合、重複寸法であることを表す記号として黒丸を付ける）。
- 長さ寸法は、ミリメートル（mm）の単位に基づいた数値を記入する。この場合、単位記号を付けない。

　寸法を配置するうえでの注意点には、次のようなものがあります。

- 互いに傾斜する2つの面の間に丸みまたは面取りが施されているときは加工以前の形状を細い実線で表し、交点から寸法補助線を引き出す。

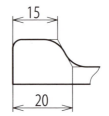

- 寸法が隣接して連続する場合や関連する寸法は、一直線上に揃えて記入するのがよい。

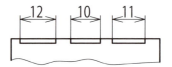

- 寸法補助線の間隔が狭くて、矢印を記入する余地がないときは、矢印の代わりに黒丸または斜線を用いてもよい。

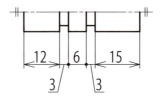

- 加工方法、注記、部品の番号などを記入するために用いる引出線は、斜め方向に引き出す。このとき、線から引き出す場合には矢印を、内側から引き出す場合には黒丸を引出個所に付ける。また、寸法線から引き出す場合、端末記号は付けない。

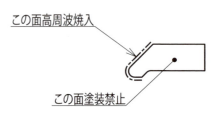

- 寸法線はなるべく交差しないようにする。やむを得ず交差する場合、寸法数値は交わらない個所に配置する。
  左図は寸法線と寸法補助線が交差した状態。右図は小さい寸法を内側にすることで交差を避けた例。

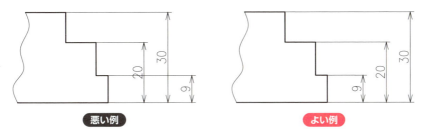

- 小数点に使う点は「・」ではなく「．」と下に打つ点を使う（例：「12.3」）。
- 寸法線は、通常寸法補助線を使って図の外側に配置する。
  ただし、図の外に出すことでわかりにくくなるような場合は図の中に配置してもよい。
  左図は穴位置を表す寸法の寸法補助線が外形線のくぼみと重なっている。ぴったり重なっているのか、ずれているのかがわかりにくい。右図は図形の内側に寸法を配置することで、穴位置の寸法が明確にわかる。

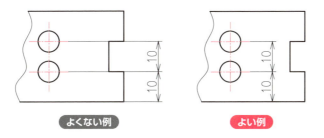

- 寸法線は、中心線、外形線、基準線の上または延長上に配置しない。

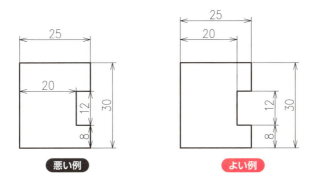

- 寸法数値がほかの線と重ならないようにする。

1-3 投影法

投影法というのは、JISの定義では「3次元の対象物を2次元に変換するために用いる規則」とあります。3次元である立体形状を2次元にかき表す投影法には、数多くの種類があります。

1-3-1 投影法の種類

投影法には、主に「平行投影」と「透視投影」の2種類があります。

平らなパネルの前に置いた対象物から、そのパネルに写し出す投影線同士を平行にして投影する方法が、平行投影（左図）、対象物から視点まで放射状に直線で結んだものを投影線としてパネルに映し出す方法が、透視投影（右図）です。機械製図では、平行投影を使います。

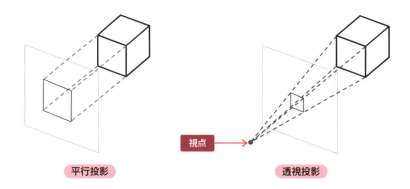

平行投影　　　　　　　　　透視投影

平行投影には、見た方向に見た投影図を置く（右方向から見た図形を右側にかく）「第三角法」と、見た方向の反対側に投影図を置く（右方向から見た図形を左側に置く）「第一角法」があります。

機械製図の規格では「投影図は第三角法による」と定められています。

次の図は第三角法であることを示す記号です。この記号を図面中の表題欄またはその近くに示すことになっています。

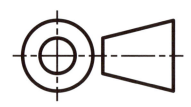

機械図面は基本的に「三面図」と呼ばれる配置で作成します。三面図のうち、そのものの形状を一番よく表している方向から見た形状を「正面図」とし、正面図を横から見た図を「側面図」、上から見た図を「平面図」といいます。これら「正面図」「側面図」などのことを「投影図」と呼び、正面図のことはほかの投影図と分ける意味で「主投影図」ともいいます。

1-3-2　第三角法

　第三角法のイメージをつかむため、図面を作成する部品を半透明の箱に入れて、箱の外側から部品のエッジを平行に、箱の外面に写し取った状態を想像してみてください（図）。

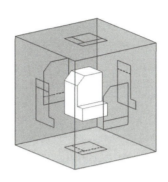

　このとき、実際に見えるエッジ（稜線）を実線でかき、視点の向こう側にあり、実際には見えないエッジを破線でかきます。
　6面すべてのエッジを箱の外面に写し取ったら、展開します。図面には、これを完全に展開したもの（右図）と同じ状態で配置するのが基本です。

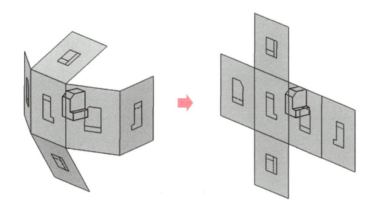

　この展開の考え方で配置するので、各投影図は次の左図のように、互いに水平、垂直を保った位置になります。右図のように奥行きが違っていたり、投影方向の位置がずれていたりしてはいけません。

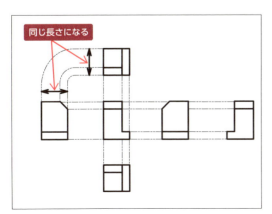
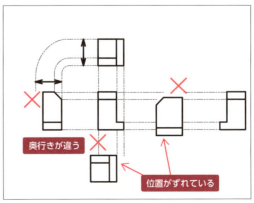

通常、投影対象物の最も主要な部分を正面図として選びます。図面を作成する際、正面図と組み合わせて利用するのは、そのほかどの方向からの投影図でもかまいませんが、「必要最小限」ということと、「読み手が理解しやすい」ということを念頭に選びます。

必要がなければ1面だけ、2面だけで図面を仕上げることもあります。また、3面で情報が伝えきれない場合は4面以上利用することもあります。

展開した6面をよく観察すると、正面図を挟んだ左右（左側面図と右側面図）の形状のシルエットが同じであることがわかります。正面図を挟んだ上下（平面図と下面図）、右側面図を挟んだ左右（正面図と背面図）もまた同様です。同じシルエットの形状はどちらか一方をかけば読み手に伝わります。どちらを使うかは、一般的にかくれ線が少ないほうを選びます。この例の左右の側面図では右側面図にかくれ線がないため、こちらを使います。同様に、平面図と下面図ではかくれ線がない平面図がよいでしょう。

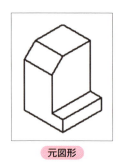

元図形

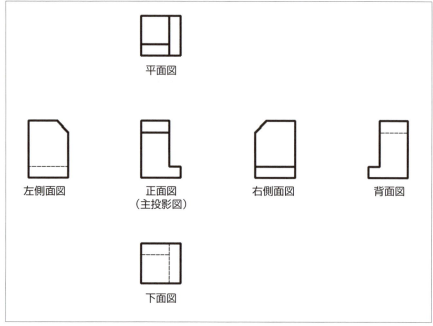

第2章

DraftSightの準備と基本操作

この章では、DraftSightのダウンロードやインストール方法、起動・終了、ファイル操作のほか、画面拡大・縮小などの画面操作やコマンドの実行方法などについて説明します。

《この章の内容》

- **2-1** DraftSight 2018のシステム要件とラインアップ
- **2-2** DraftSight 2018のダウンロードとインストール
- **2-3** 本書を使用するための設定
- **2-4** 起動とファイル操作
- **2-5** 画面操作
- **2-6** コマンドの実行
- **2-7** 座標入力と作図ツール
- **2-8** エンティティの選択と選択解除

2-1 DraftSight 2018のシステム要件とラインアップ

練習用ファイルなし

DraftSight 2018にはWindows版、Mac版、Linux版があり、機能の違いからそれぞれに無償版、有償版があります。

2-1-1 OS別システム要件

本書で解説するDraftSight 2018 SP1のシステム要件は以下の通りです。

Windows版 Windows 7 (32bit & 64bit)／Windows 8 (64bit)／Windows 10 (64bit)		
	最小	推奨
メモリ	2GB	8GB
ディスク容量	500MBの空きスペース	1GBの空きスペース
CPU	Intel Core 2 Duo、または AMD Athlon X2 Dual-Coreプロセッサ	Intel Core i5、または AMD Athlon／Phenom X4以上のプロセッサ
ディスプレイ	1280×768ピクセル	フルHDモニタ
ビデオカード	OpenGLバージョン1.4対応3Dグラフィックボード	OpenGLバージョン3.2以上対応3Dグラフィックボード
マウス	マウス	ホイールマウス

Mac版　※32bitマシンはサポートしない Mac OS X 10.9/10.10/10.11／macOS 10.12/10.13		
	最小	推奨
メモリ	2GB	8GB
ディスク容量	500MBの空きスペース	
CPU	Intel Core 2 Duo以上のプロセッサを搭載したMac	
ディスプレイ	1280×768ピクセル以上	
ビデオカード	OpenGLバージョン1.4対応3Dグラフィックボード	OpenGLバージョン3.2以上対応3Dグラフィックボード
マウス	マウス	

Linux版　※32bitマシンはサポートしない Ubuntu 14.01 LTS／Fedora 18 Gnome／Fedora 20 GnomeおよびKDE／OpenSUSE 12.2 Gnome およびKDE／OpenSUSE 13.2 Gnome		
	最小	推奨
メモリ	2GB	8GB
ディスク容量	1GBの空きスペース	
CPU	Intel Core 2 Duo／AMD Athlon X2 Dual-Core以上のプロセッサ	
ディスプレイ	1280×768ピクセル以上	
ビデオカード	OpenGLバージョン1.4対応3Dグラフィックボード	OpenGLバージョン3.2以上対応3Dグラフィックボード
マウス	マウス	

注意　本書はWindows 10がインストールされたパソコンで、DraftSight 2018 SP1を使用して解説を行っています。そのため、ご使用のOSやアプリケーションのバージョンによって、画面や操作方法が本書と異なる場合がございます。

2-1-2 DraftSightのラインアップ

DraftSight 2018には無償版のほか、有償版の「DraftSight Professional」（生産性向上ツールとAPIを備えたプロ仕様）と「DraftSight Enterprise」（ネットワークライセンスやテクニカルサポートを必要とする大規模組織向け）があります。詳しくは以下のURL、DraftSightのWebサイトを参照してください。

https://www.3ds.com/ja/products-services/draftsight-cad-software/

2-2 DraftSight 2018のダウンロードとインストール

練習用ファイルなし

DraftSightは、ダッソー・システムズ社のWebサイトからダウンロードして入手できます。ダウンロードしたインストールファイルを実行して使用しますが、使用に際しては「アクティベーション」（使用手続き）が必要となります。ここでは、Windows 10でWebブラウザにMicrosoft Edge（以下、Edge）を使用した場合の、DraftSight（無償版）のダウンロードおよびインストール手順を紹介します。

なお、ここで解説している操作手順は、原稿執筆時点（2018年1月）のもので、予告なく変更になる場合があります。予めご了承ください。

2-2-1 DraftSightのダウンロード

ダッソー・システムズ社のWebサイトからDraftSightのインストールファイルをダウンロードします。

1 Edgeを起動し、ダッソー・システムズのWebサイト http://www.3ds.com/ja/ に接続する。

2 トップページが開いたら、[製品/サービス]メニューにポインタを合わせる（クリックしない）。

3 表示されるメニューから[DraftSight]をクリックして選択する。

4 DraftSightのページに移動するので、画面中央の[今すぐダウンロード]もしくは、画面右側にある[DraftSightをダウンロード]をクリックする。

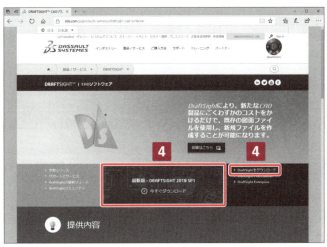

5 「DRAFTSIGHT無償CADソフトウェアのダウンロード」ページに移動するので、下部にあるOS別のダウンロードボタンから、自分が使用しているOSに対応したバージョンのダウンロードボタン（ここでは「WINDOWS用（64-BIT）」）をクリックする。

6 「DraftSightライセンスとサブスクリプション・サービス契約」の文章が表示されるので、画面を下にスクロールして最後まで内容を確認する。

7 内容に同意してダウンロードする場合は、[OK]ボタンをクリックする。

同意しない場合は、[Cancel]ボタンをクリックしてダウンロードを中止します。

手順7で[OK]ボタンをクリックすると、Edgeのウィンドウ下部にDraftSightのインストールファイルについて行う操作を指定するメッセージウィンドウが表示されます。ここではインストールファイルをいったんパソコンに保存します。

8 [保存]ボタンをクリックする。

インストールファイルがパソコンに保存されると、ダウンロードが終了したことを知らせるメッセージウィンドウが表示されます。

9 [フォルダーを開く]をクリックする。

OSがWindows 10、WebブラウザがEdgeの場合、デフォルト設定ではDraftSightのインストールファイルは「ダウンロード」フォルダに保存されます。ただし、使用しているWebブラウザの設定によって別のフォルダに保存される場合もあります。
ダウンロードが終了してから、手順9で［フォルダーを開く］ボタンをクリックすると、Webブラウザがダウンロードファイルの保存先に指定している場所が表示されます。

 ご使用のコンピュータの環境によっては、動作条件を満たしていてもインストールできない、動作しない場合がございます。弊社ではそのようなインストールのエラーや動作の不具合についてのお問合せは受け付けておりません。

2-2-2　DraftSightのインストール

ここでは、OSがWindows 10の場合のインストール方法を解説します。

1 ダウンロードしたインストールファイル（ここでは「DraftSight64.exe」）を右クリックする。

 Windowsの設定によって、ファイル名の「.exe」部分が表示されるかどうかが異なります（詳しくはP.34 「2-3-2　拡張子の表示」を参照）。

2 ショートカットメニューから［管理者として実行］を選択する。

3 ［ユーザーアカウント制御］ダイアログボックスが表示される場合は、［はい］をクリックする。

インストールファイルが起動してしばらく待つと、［DraftSight 2018 SP1 x64 インストレーション］ダイアログボックスが表示されます。

4 ［この製品で使用するライセンスタイプを選択してください：］の［無料］をクリックして選択する。

5 ［次へ］ボタンをクリックする。

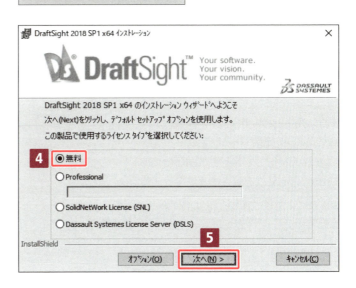

6 「使用許諾契約」が表示されるので、下にスクロールして内容を確認し、同意する場合は[使用許諾契約の条項に同意します]をクリックして選択する。

7 [インストール]ボタンをクリックする。

同意しない場合は[使用許諾契約の条項に同意しません]をクリックして選択するか、[キャンセル]ボタンをクリックしてインストールを中止します。

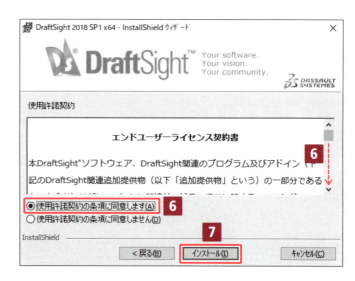

手順7で[インストール]ボタンをクリックすると、インストールが開始されます。

8 インストールが完了すると、「インストールに成功しました」とメッセージが表示されるので、[完了]ボタンをクリックする。

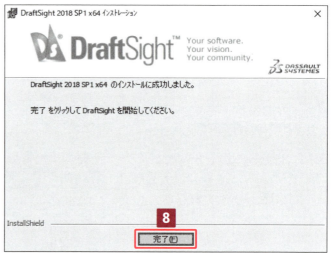

[Professional Pack Offering for DraftSightにアップグレード]ダイアログボックスが表示されます。

9 [不要]ボタンをクリックする。

ここでは無償版を使用するため[不要]ボタンをクリックしますが、Professional版の詳細(英語のページ)を表示する場合は[さらに詳しく学習する]ボタンを、Professional版を購入する場合は[今すぐ購入]ボタンをクリックします。

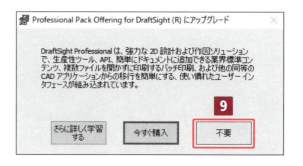

2-2-3 DraftSightのアクティベーション

　DraftSightは、インターネットを介した「アクティベーション（アクティブ化）」（使用手続き）を行うことで使用可能となります。アクティベーションを行うには、電子メールアドレスなど情報の入力と、メール受信が可能なインターネット環境が必要です。アクティベーションができない場合は、DraftSightコミュニティ（http://www.3ds.com/ja/support/users-communities/）のサポート記事を参照するなどしてください。

前項の手順9で［不要］をクリックすると、DraftSightが起動し、［DraftSightのアクティブ化］ダイアログボックスが表示されます。

1　［アクティブ化］ボタンをクリックする。

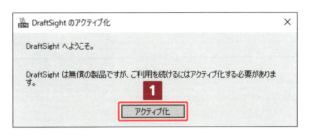

［アクティブ化］ダイアログボックスが表示されます。

2　［電子メールアドレス］および［電子メールアドレスを再入力］欄にユーザーのメールアドレスを入力し、［業種］および［国名］［タイトル］のプルダウンリストから業種や国を選択する。

3　［アクティブ化］ボタンをクリックする。

アクティブ化に必要なメールがユーザーのメールアドレス宛に送信されたことを知らせるメッセージがダイアログボックスに表示されます。

4　［完了］ボタンをクリックする。

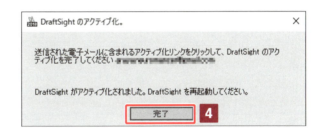

5　メールソフトなどを起動し、「activation@draftsight.com」から送信されてきたメールを確認する。内容を確認し、「click here.」の文字部分（リンク）をクリックする。

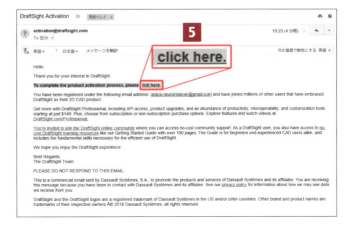

 メールソフトの種類やメール受信設定などによっては、「activation@draftsight.com」からのメールが「迷惑メール」として処理されてしまうこともあるので注意しましょう。

Webブラウザが起動し、「your activation was successful !」と表示されたページが表示されます。また、ユーザーのメールアドレス宛に「Welcome DraftSight User」という件名のメールが届きます。これでアクティベーションが完了しました。

なお、6カ月後に再度アクティベーションを行う必要があり、それ以降は12カ月ごとにアクティベーションが必要となります。

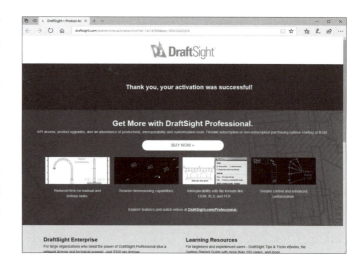

Column　電子メールアドレスを間違えた場合

手順2で入力する電子メールアドレスを間違えた場合、メールが届かないためアクティベーションを完了できません。アクティベーションを完了しないままDraftSightを起動しようとすると、図のメッセージが表示されますが、ここで[はい]をクリックすれば、手順2からアクティベーションをやり直すことができます。

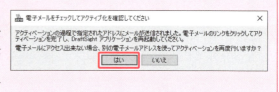

2-3 本書を使用するための設定

練習用ファイルなし

DraftSightはさまざまな分野で使われる汎用CADです。分野によって使いやすい環境が違うため、画面の表示状態などを個別にカスタマイズすることができます。ここでは、本書で使用している設定に変更する方法を解説します。

2-3-1 色の変更

本書では、紙面で操作手順を見やすくするため、DraftSightのグラフィックス領域の背景色をデフォルト設定の黒から白に変更しています。また、背景を白にすることで見づらくなるEスナップキューの色も赤に変更します（EスナップについてはP.61、EスナップキューについてはP.63参照）。

まず、グラフィックス領域の背景色を変更してから、Eスナップキューの色を変更します。

1 DraftSightを起動する（起動方法についてはP.35参照）。

2 グラフィックス領域内を右クリックする。

3 ショートカットメニューから［オプション...］を選択する。

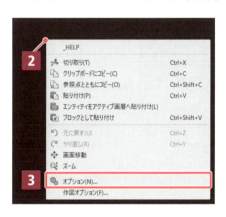

［オプション］ダイアログボックスが表示されます。

4 左側から［システムオプション］をクリックする。

5 右側から［表示］左の［+］ボタンをクリックして展開する。

6 ［要素の色］左の［+］ボタンをクリックして展開する。

7 リストから［モデルの背景］を選択する。

8 色のリストから［白色］を選択する。

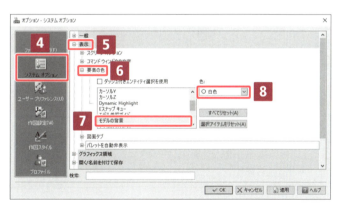

9 ［要素の色］リストから［Eスナップキュー］を選択する。

10 色のリストから［赤色］を選択する。

11 ［OK］ボタンをクリックする。

これで、グラフィックス領域の背景色（モデルの背景）が白に、Eスナップキューの色が赤に変更されます。

2-3-2 拡張子の表示

Windowsでは、ファイル名の末尾にピリオド＋「拡張子」という数文字を付けてファイルの種類を識別しています。Windowsのデフォルト設定では拡張子は表示されませんが、本書では拡張子を表示するように設定しています。Windows 10では、以下の手順で拡張子を表示することができます。

1 エクスプローラーを開く。

2 ［表示］タブをクリックする。

3 ［ファイル名拡張子］をクリックしてチェックを入れる。

これで、図のように拡張子が表示されます。

2-4 起動とファイル操作

練習用ファイルなし

ここではDraftSightの起動・終了やファイルを開くなどの基本操作、および画面の各部の名称を学習します。

2-4-1 起動

デスクトップのアイコン（図）をダブルクリックします。または、スタートメニューのアプリ一覧から［Dassault Systemes］－［DraftSight 2018 x64］を選択しても、DraftSightを起動できます。

［電子メールをチェックしてアクティブ化を確認してください］ダイアログボックス（P.32の「Column」参照）が表示された場合は、［はい］をクリックして電子メールアドレスの入力からアクティベーションをやり直すか、［いいえ］をクリック後にメール中のリンクをクリックしてアクティベーションを完了させたうえで、再度DraftSightを起動してください。
また、起動後に「パフォーマンスレポートをDS SOLIDWORKSに自動的に送信しますか？」というメッセージが表示される場合は、［はい］［いいえ］［後で通知する］のいずれかをクリックして［OK］ボタンをクリックします。

2-4-2 画面各部名称

DraftSightの画面の各部の名称を見ていきましょう。

DraftSightの画面はコマンド（命令）アイコンが並んでいる領域、コマンドを入力する領域、実際に作図する領域など、複数の領域があります。ここでは各領域の名称を学習します。次の図はDraftSight 2018を起動した状態ですが、DraftSight 2017の画面もほぼ同じです。見た目の状態は表示する解像度によって多少違いがあります。次の図は解像度1440×900ピクセルでの状態です。

リボンベースユーザーインタフェース

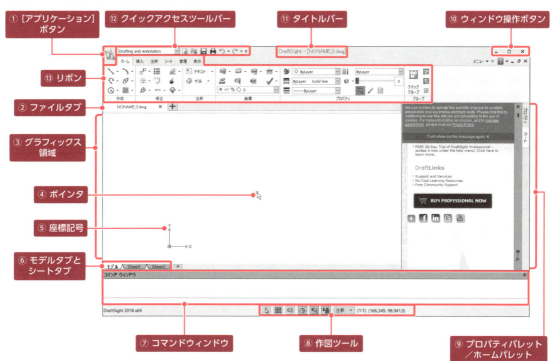

① ［アプリケーション］ボタン

［アプリケーション］ボタンをクリックすると、アプリケーションメニュー（図）が開きます。アプリケーションメニューの左側には基本的なメニューが表示され、ファイルの新規作成、ファイルを開く、保存する、閉じるなどの操作を行うことができます。また、アプリケーションメニューの右側には最近使ったドキュメントが表示され、クリックすることでそのファイルを開くことができます。

アプリケーションメニュー

② ファイルタブ

開いている図面ファイルがタブに分けて表示されています。クリックしたタブが前面表示されます。

③ グラフィックス領域

この領域内で作図作業を行います。

④ ポインタ

「カーソル」とも呼ばれます。ポインタは、作業中の状態によって形が変化します。ポインタの形と作業の関係を把握しておくことで、現在何をしている状態かが判断できるので便利です。主な形は次の通りです。

形状	解説	形状	解説
	コマンドに入る前のグラフィックス領域内		画面移動操作時
	位置を指定するとき		メニューやツールの選択時
	範囲選択（ウィンドウ選択）		範囲選択（交差選択）
	コマンド内でのエンティティ選択時		文字入力時

なお、画面移動についてはP.46「2-5-2　画面の移動」、エンティティの選択と範囲選択についてはP.68「2-8　エンティティの選択と選択解除」で解説します。

⑤ 座標記号

「座標系アイコン」とも呼ばれ、このグラフィック内のXYの方向を表しています。座標が原点に配置されているときは左図の形状、原点以外に配置されているときは右図の形状になり、区別されます。

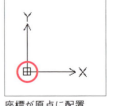
座標が原点に配置

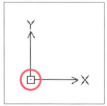
座標が原点以外に配置

⑥ モデルタブとシートタブ

作図をするモデル空間とレイアウトに使うペーパー空間のシートを切り替えます。

⑦ コマンドウィンドウ

現在の作業の状態、次にできること、ユーザーが入力した文字などが表示されます。ユーザーがCADとの対話を行う部分です。詳しくはP.50「2-6-3　コマンドウィンドウ」で解説します。

⑧ 作図ツール

作図の精度を上げ、かつスピーディにかくための作図設定、注釈尺度、ポインタ位置の座標が表示されます。詳しくはP.53「2-7　座標入力と作図ツール」で解説します。

⑨ プロパティパレット／ホームパレット

ウィンドウ横にあるタブをクリックして、［プロパティ］と［ホーム］を切り替えることができます。プロパティパレットには選択したエンティティのプロパティなどが表示され、ここで編集できるプロパティもあります。ホームパレットにはDraftSightのWebサイトへのリンクなどの情報が表示されますが、作図には使わないので、作業時は［プロパティ］タブを前面にしておきます。

> **Column　エンティティとは**
>
> 「エンティティ」とは、CADで扱う図形要素のことを指します。「オブジェクト」と呼ばれることもあります。円や線分、四角形のほか、テキスト、寸法などもエンティティです。

⑩ ウィンドウ操作ボタン

ウィンドウを最小化、最大化、閉じるなど、Windowsの共通形式のウィンドウ操作ボタンです。

⑪ タイトルバー

ソフト名、ファイル名が表示されます。ファイル名を付ける前は［NONAME_0.dwg］、［NONAME_1.dwg］…と「NONAME」の後にアンダーバーと連番が振られる仮の名前が表示されています。

⑫ クイックアクセスツールバー

よく使うツールを並べ、即座にアクセスできるように配置したバーです。左から［ワークスペース］のプルダウンリスト、［新規］［開く］［保存］［印刷］［元に戻す］［やり直す］のボタンです。また、右端のボタンからはクイックアクセスツールバーをカスタマイズできます。

［ワークスペース］には、［Classic］と［Drafting and Annotation］の２つがあらかじめ登録されています。　をクリックして、表示されたプルダウンリストからワークスペースを切り替えることができます。

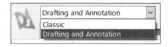

［Classic］に切り替えると、リボン環境（リボンベースユーザーインタフェース、P.35図参照）から、次の図のような以前のバージョンのツールバー環境（クラシックユーザーインタフェース）に切り替わります。本書では、リボン環境で操作を解説します。

クラシックユーザーインタフェース

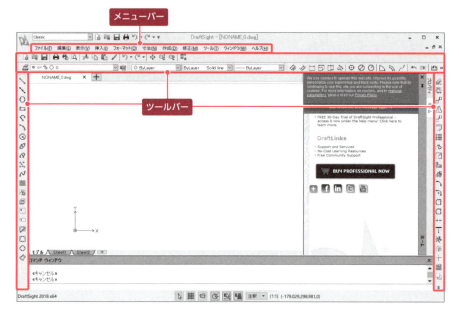

［元に戻す］と［やり直す］のボタンは使用できないときはグレー、使用できるときは水色に変化します。

［Customize Quick Access Toolbar］ボタンをクリックすると、図のようなメニューが展開します。✔が入っている項目が、現在クイックアクセスツールバーに表示されているボタンです。クリックすることで、クイックアクセスツールバーへの追加と除外ができます。

⑬ リボン

コマンドが種類ごとのタブに分けて収納されており、各タブには作図や編集をするためのコマンドが並んでいます。リボン上部にある［ホーム］［挿入］［注釈］などがタブ名です。タブ名をクリックすると、クリックしたタブが前面に表示されます。

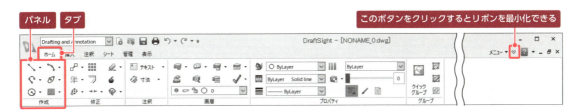

リボンの中は［作成］や［修正］などで区切られています。この区切られた領域を「パネル」と呼びます。パネルの中に並んでいるボタンが「コマンドアイコン」（略して「アイコン」と呼びます）です。たとえば［円］アイコンは、「［ホーム］タブの［作成］パネル内にある［円］アイコン」という位置付けになります。

アイコンにポインタを合わせて（クリックしない）しばらく待つと、そのアイコンの説明とコマンド名がツールチップとして表示されます（左図）。

［▼］が付いたアイコンは、クリックするとそのコマンドの関連コマンドが表示されます。右図は［円］アイコン右の［▼］をクリックした状態です。さらにこの中から使用するかき方のアイコンをクリックして選択します。

Column　アイコンの［▼］以外をクリックした場合は？

アイコンの［▼］以外（絵の部分）をクリックした場合は「絵に表示されているコマンド」が実行されます。デフォルトでは関連コマンドの一番上にあるもの（上の右図の例なら［円］コマンド）が絵の部分に表示されているので、一番上のコマンドが実行されることになります。

ほかの関連コマンドを選んで実行した場合は、アイコンの絵はそのコマンドに変わり、次回アイコンの絵の部分をクリックしたときにはその絵のコマンドが実行されます。たとえば前回［2点］コマンドを実行したなら、次回も［2点］コマンドが実行されます。

ただし、DraftSightを終了すると、アイコンに表示される絵と実行されるコマンドはデフォルト状態に戻ります。

なお、機械製図では、主に次の3つのタブを使って作図を行います。

[ホーム] タブ

　[ホーム] タブには、「線分をかく」「円をかく」などの基本的な作図のアイコンや、線分をトリムしたり、コーナーに面取りをしたり、コピーや回転をしたりといった修正のアイコンが並んでいます。[作成] [修正] [注釈] [画層] [プロパティ] [グループ] のパネルに分けられて収納されています。

[挿入] タブ

　[挿入] タブには、主にブロック関係のアイコンが並んでいます。[クリップボード] [ブロック] [参照] [構成部品] [ブロック定義] [データ] [アタッチ] のパネルに分けられて収納されています。

[注釈] タブ

　[注釈] タブには、文字や寸法など、注釈関係のアイコンが並んでいます。[文字] [寸法] [テーブル] [マークアップ] [注釈尺度] のパネルに分けられて収納されています。文字や寸法のコマンドは [ホーム] タブにもありますが、[注釈] タブにはさらに細かい使い方ができるコマンドが用意されています。

2-4-3　ファイル操作

　P.36で説明した通り、基本的なファイル操作はアプリケーションメニューからも行えますが、新規作成、保存などのよく使う操作はクイックアクセスツールバーから行うと便利です。

■ ファイルの新規作成

　現在ファイルが開いていても、追加で新しく図面ファイルを作成することができます。図面を新規作成するには次の手順を実行します。

1　クイックアクセスツールバーの [新規] ボタンをクリックする。

2 ［テンプレートを指定］ダイアログボックスで、使用するテンプレートを選択する。

3 ［開く］ボタンをクリックする。

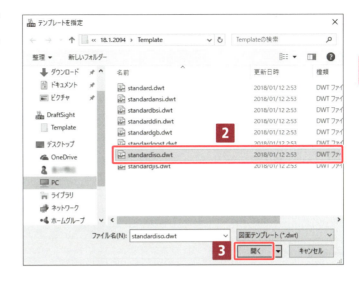

Column　テンプレートとは

テンプレートとは、作図に必要な設定をして保存したファイルのことです。新規に図面を作成するたびに毎回設定を行わなくても共通の設定を保存したテンプレートを開くことで、すぐに作図が始められます。DraftSightでははじめからいくつかのテンプレートが用意されていますが、最低限の設定となっています。そのため、一般的にはテンプレートをもとにしてさらに線の種類や文字・寸法のスタイルなどを設定したテンプレートを作成して使います。本書の練習では、「standardiso.dwt」をもとに作成した機械製図用のテンプレートを使います。
テンプレートの拡張子は「.dwt」で、図面ファイルの拡張子（「.dwg」）とは異なります。
また、ファイルタブの右にある［＋］をクリックすると、テンプレートを指定せずに新規図面が開きますが、これはインチ形式となっているため本書では使いません。

■ 既存のファイルを開く

現在ファイルが開いていても、追加で新しく図面ファイルを開くことができます。既存の図面を開くには次の手順を実行します。

1 クイックアクセスツールバーの［開く］ボタンをクリックする。

2 ［開く］ダイアログボックスで図面の場所を指定する。

3 開くファイルを選択する。

4 ［開く］ボタンをクリックする。

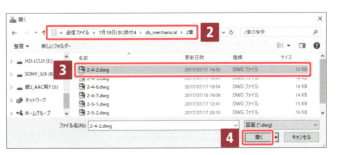

 HINT　アプリケーションメニューの右側には最近使ったドキュメントが表示されるので、最近使ったファイルであれば、それをクリックしてファイルを開くこともできます。

■ **ファイルの保存**

作図したファイルは保存することができます。ファイルの保存には次の2種類があります。

- 保存
- 名前を付けて保存

[保存]は既存のファイルを同じ名前で「上書き保存」するときに使用し、[名前を付けて保存]は別の名前で保存するときに使用します。ただし、一度も保存したことがない、「NONAME_0.dwg」などの仮の名前が付いているファイルに対して[保存]を実行すると、[名前を付けて保存]が行われます。

上書き保存するには

1. クイックアクセスツールバーの[保存]ボタンをクリックする。

新規のファイルを「名前を付けて保存」するには

1. クイックアクセスツールバーの[保存]ボタンをクリックする。
2. [名前を付けて保存]ダイアログボックスで保存する場所を指定する。
3. ファイル名を入力する。
4. ファイルの種類(形式やバージョン)を選択する。
5. [保存]ボタンをクリックする。

既存のファイルを「名前を付けて保存」するには

1. [アプリケーション]ボタンをクリックする。
2. アプリケーションメニューから[名前を付けて保存...]を選択する。
3. [名前を付けて保存]ダイアログボックスで保存する場所を指定する。
4. ファイル名を入力する。
5. ファイルの種類(形式やバージョン)を選択する。
6. [保存]ボタンをクリックする。

[名前を付けて保存]には、保存するバージョンが複数用意されており、その中からバージョンを指定して保存することができます。

> **Column** ファイルの種類について
>
> DraftSightでは複数の形式やバージョンで保存をすることができます。ファイル形式は、AutoCADと互換のある図面ファイルが「.dwg」、テンプレートファイルが「.dwt」という拡張子で区別されています。ファイルの種類はデフォルトで [R2013図面 (*.dwg)] が選択されています。DraftSight 2013より前のバージョンでは、DraftSight 2013～2018で保存した [R2013図面 (*.dwg)] ファイルを開けないため、ほかのバージョンのユーザーとファイル交換する場合には注意が必要です。たとえばDraftSight 2012のユーザーにファイルを渡す場合には [R2010図面 (*.dwg)] で保存をするなどの対処が必要です。

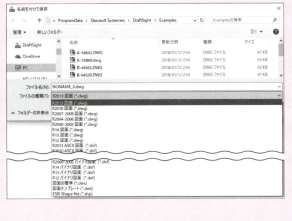

■ ファイルを閉じる

DraftSightは終了せずにファイルのみを閉じるには、次のいずれかを実行します。

- ファイルタブの [×] をクリックする。
- ウィンドウ右上の下の段の [×] をクリックする。
- アプリケーションメニューから [閉じる] を選択する。
- 複数のファイルが開いている場合、それらをすべて閉じるには、アプリケーションメニューから [すべてを閉じる] を選択する。

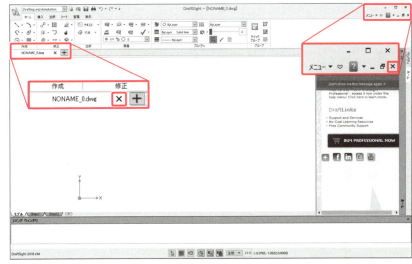

画面操作や作図操作などを行ったファイルを保存せずに閉じようとすると、次の図のように保存するか否かを問うウィンドウが開きます。保存をする場合は［はい］を、保存をせずに閉じる場合は［いいえ］を、閉じるのをやめる場合は［キャンセル］をクリックします。

■ DraftSightの終了

DraftSightを終了するには次のいずれかを実行します。

- ウィンドウ右上の［×］をクリックする。
- アプリケーションメニューから［終了］を選択する。

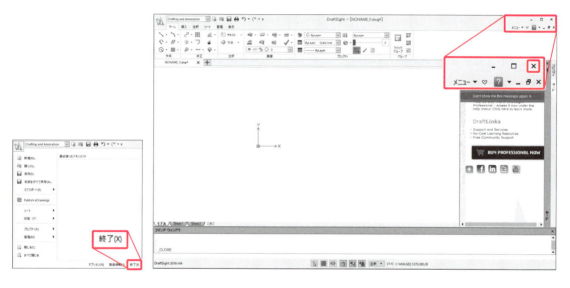

作業を行ったファイルを保存せずにDraftSightを終了しようとすると、保存せずにファイルを閉じる場合と同様に、保存するか否かを問うウィンドウが開きます。

2-5 画面操作

📄 2-5-1.dwg

作図中、細かい作業を行うときなどに、画面の一部を拡大表示させるなど、画面を操作することがあります。画面操作には拡大・縮小、画面移動、範囲拡大などがあります。画面操作は画面上で見た状態の拡大・縮小・移動などを行うだけで、実際の図形の拡大・縮小・移動とは異なります。

2-5-1 画面の拡大・縮小

画面を拡大・縮小する操作です。この操作では、ポインタの位置がどこにあるかで拡大・縮小後の結果が変わります。

■ 実習：画面の拡大・縮小をしてみよう

この実習は、練習用ファイル「2-5-1.dwg」を開いて行ってください。

画面を拡大するには

1. ポインタをグラフィックス領域の中央付近に置く。
2. マウスの**ホイールボタンを前方に回転**する。

画面を縮小するには

1. ポインタをグラフィックス領域の中央付近に置く。
2. マウスの**ホイールボタンを後方に回転**する。

 注意 この操作では、ポインタの位置を中心として画面が拡大・縮小されます。ポインタの位置がどこにあるかで拡大・縮小後の結果が変わるので、ポインタの位置に注意しましょう。

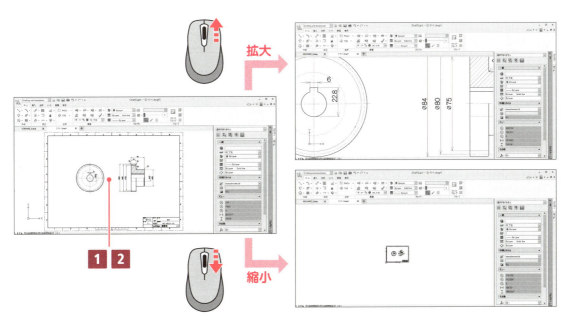

2-5-2 画面の移動

画面を移動する操作です。この操作ではポインタをドラッグした方向と距離の分、画面が移動します。

■ 実習：画面の移動をしてみよう

2-5-1 で使った練習用ファイル「2-5-1.dwg」をそのまま使います。

1. ポインタをグラフィックス領域内に置く。
2. マウスのホイールボタンを押す。
3. ポインタが手の形に変わったら、ホイールボタンを押したまま移動する（ドラッグ）。

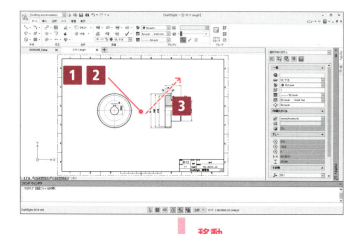

移動

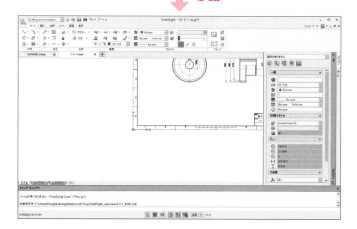

2-5-3 全画面表示

グラフィックス領域にあるすべてのエンティティを画面いっぱいに表示する操作です。

■ 実習：全画面表示をしてみよう

2-5-1で使った練習用ファイル「2-5-1.dwg」を引き続き使います。

1. ポインタをグラフィックス領域内に置く。
2. マウスの**ホイールボタンを素早く2回押す**（ダブルクリック）。

全画面表示が実行され、図面上のすべてのエンティティがグラフィックス領域に最大表示されます。

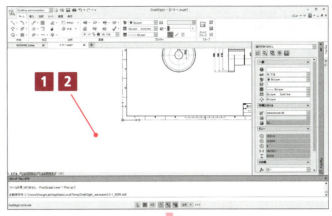

全画面表示

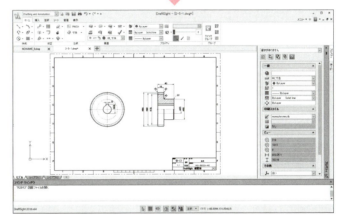

2-5-4　その他画面操作

　画面操作には拡大・縮小、移動、全画面表示のほかにも選択したエンティティや、枠で囲んだ範囲を画面いっぱいに拡大する操作などがあります。

　リボンの［表示］タブの［移動］パネルにその他の画面操作のためのアイコンがあります。［窓ズーム］アイコンは、［▼］をクリックして展開することでさらに別の画面操作を選択することができます。

　実行できる画面操作は次ページの表の通りです。

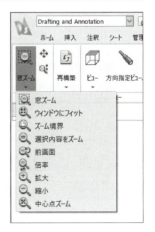

アイコン	名称	内容
	ダイナミック画面移動	マウスの左ボタンドラッグに合わせて画面移動を実行する。
	ダイナミックズーム	図面ウィンドウをマウスの左ボタンドラッグに合わせて拡大・縮小する。
	窓ズーム	選択した部分を最大の大きさに拡大表示する。
	ウィンドウにフィット	図面に含まれるすべての要素をなるべく大きく表示する。
	ズーム境界	図面全体を表示する。図面からはみ出したエンティティがある場合はすべて表示される。
	選択内容をズーム	選択したエンティティを画面上に最大表示する。
	前画面	最後に行ったズーム操作を取り消す（10回分まで表示を戻せる）。
	倍率	表示するスケール倍率を指定する。
	拡大	大きく表示する。
	縮小	小さく表示する。
	中心点ズーム	画面の中心にしたい位置と、拡大率または高さを指定する。

2-5-5 再構築

［表示］タブ ―［再構築］パネル ―［再構築］の操作は、図面データを更新します。

作図中に拡大縮小を繰り返し、円が多角形に表示されたものをなめらかに表示し直す場合や、画面比率で表示させている点の表示サイズを画面表示変更後の比率に反映させる場合などに「再構築」を行います。

次の図は、点エンティティのタイプを×、ディスプレイに対して相対表示を5に設定した点エンティティを含むオブジェクトの例です。拡大表示した際、前画面のサイズに合わせた表示サイズになっていた点が巨大化しています（左図）。再構築を実行することで、現在の画面表示サイズに対しての相対比率（右図）で点エンティティを表示し直すことができます。

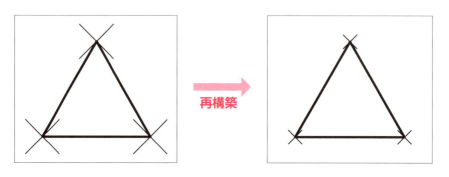

2-6 コマンドの実行

練習用ファイルなし

DraftSightでは、ユーザーがCADに命令を送って作図をしていきます。この命令が「コマンド」です。命令を送ることを「コマンドを実行する」といいます。コマンドを実行するとコマンドウィンドウにコマンド名と、次にできることの選択肢である「コマンドオプション」や、コマンドによっては現在の設定が表示されます。ユーザーはコマンドウィンドウに表示された内容を見ながらCADと対話するような流れで作図を行います。

2-6-1 コマンドの実行方法

コマンドを実行するにはいくつかの方法があります。

- **A** リボンパネルのアイコンをクリックして実行する。
- **B** キーボードからコマンドを入力して実行する。
- **C** メニューバーから実行する（ワークスペースが [Classic] の場合）。

Aの方法は、隠れているアイコンの場合、どこにあるか探さなければならず、アイコンの場所を把握しておく必要がありますが、視覚的に操作できるので初心者に向いています。

Bの方法は、入力するコマンド名を覚える手間はありますが、覚えてしまえば両手をそれぞれマウスとキーボードに役割分担させることで操作がスピードアップします（コマンド名のキー入力については、P.50の「Column」参照）。さらに、リボンを最小化してグラフィックス領域を広く使えるという利点もあります。

Cの方法は、メニューバーが表示されている場合限定の操作です。

2-6-2 コマンドのキャンセル／終了方法

実行中のコマンドは途中でキャンセルすることができます。また、コマンドによっては操作が完了すると自動的に終了するものと、終了の操作をするまでコマンドが継続するものがあります。

実行したコマンドを取り消したり、コマンド中の状態を終了したりするにはいくつかの方法があります。

- **A** Esc キーを押す。
- **B** 右クリックで開くショートカットメニューから [キャンセル] を選択する（図）。
- **C** コマンドウィンドウに「Enterキーで終了」と表示されている場合はEnterキーを押す。

図は [線分] コマンドを実行中の例です。ショートカットメニューの共通項目以外は、コマンドによって表示が変わります。

コマンドをキャンセルしたり終了したりすると、コマンドウィンドウの一番下の行は空白行になります（右図）。一番下の行が空白になっているときはコマンドが実行されていない、コマンド待ち（ユーザーからの命令をDraftSightが待っている状態）を表します。

コマンド実行中

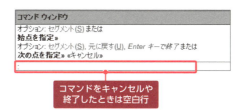

コマンドをキャンセルや終了したときは空白行

Column コマンド名のキー入力について

コマンド名をキー入力するとき、コマンドの英語表記のスペルをすべて入力する代わりに、コマンドのエイリアス（コマンドの略称）を入力して実行することもできます。たとえば［線分］コマンドは「LINE」と入力しても実行できますが、エイリアスである「L」を入力することでも実行できます。

機械製図でよく使う主なエイリアスは、次の表の通りです（コマンド名とエイリアスは、半角であれば大文字・小文字は問いません）。頻繁に使うコマンドのエイリアスを覚えておきましょう。

エンティティの作成に使うコマンド			
分類	アイコン	エイリアス	コマンド名
さまざまな線		L	線分 LINE
		IL / XL	構築線 INFINITELINE
		SPL	スプライン SPLINE
		PL	ポリライン POLYLINE
閉じた形状		REC	四角形 RECTANGLE
		C	円 CIRCLE
		POL	ポリゴン POLYGON
		EL	楕円 ELLIPSE
文字		MT	注釈 NOTE
		DT	簡易注釈 SIMPLENOTE
ブロック		B	ブロック定義 MAKEBLOCK
		I	ブロック挿入 INSERTBLOCK
その他		H	ハッチング HATCH
		DO	リング RING
		PO	点 POINT

エンティティの編集に使うコマンド			
分類	アイコン	エイリアス	コマンド名
削除・伸縮 分割・結合		E	削除 DELETE
		BR	分割 SPLIT
		※	点で分割 SPLIT@POINT
		TR	トリム TRIM
		EX	延長 EXTEND
		S	ストレッチ STRETCH
		LEN	長さ変更 EDITLENGTH
		J	結合 WELD
		SC	尺度 SCALE
コーナー処理		F	フィレット FILLET
		CHA	面取り CHAMFER
移動・複写		M	移動 MOVE
		CO	コピー COPY
		O	オフセット OFFSET
		MI	鏡像 MIRROR
		RO	回転 ROTATE
		AR	パターン PATTERN
その他		X	分解 EXPLODE
		HE	ハッチング編集 EDITHATCH

※エイリアスはありませんが、［BR］で［分割］コマンドを実行して［F］オプションを使うことで、［点で分割］コマンドと同様のことが行えます（P.277の「Column」参照）。

2-6-3 コマンドウィンドウ

　図面を新規作成したばかりのとき、コマンドウィンドウは空白になっています（図）。コマンドを実行すると、さまざまな情報が表示されるようになります。

[四角形] コマンドを例にコマンドウィンドウの様子を確認しましょう（[四角形] コマンドについては第3章で解説します）。ここでは練習用ファイルを使った実習は行わず、コマンドを実行するとコマンドウィンドウの表示がどう変わっていくかの流れを見ていきましょう。

1 [ホーム]タブ ー [作成]パネル ー [四角形]をクリックする。

 [四角形] は、[ポリライン] アイコン右の [▼] をクリックすると表示されます。

コマンドウィンドウは図のようになります。

1行目：指示した「コマンド名」が表示されます。

2行目：コマンドのオプション。標準の操作以外の、この段階での「できること」が表示されます。

3行目：標準の操作。オプションを使わない場合、ユーザーは始点コーナーを指定します。

 [四角形] コマンドは、キーボードから「RECTANGLE」または「REC」と入力して Enter キーを押しても実行できます（コマンド名は、半角であれば大文字・小文字は問いません）。

2 標準の操作「始点コーナーを指定」に従い、グラフィックス領域の任意の位置をクリックする。

コマンドウィンドウは図のようになります。今まで表示されていた3行は上に移動し、下に新しいコマンドオプションと標準の操作が表示されます。

3 更新された標準の操作「反対側のコーナーを指定」に従い、グラフィックス領域の任意の位置をクリックする。

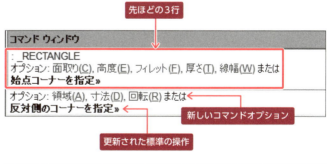

コマンドウィンドウは図のようになります。四角形が作図されて、コマンドが自動的に終了した状態です。

コマンドウィンドウにはユーザーが実行したコマンドのほかに、DraftSight が自動実行している自動保存も表示されます。DraftSight のデフォルト設定では、10 分間隔で自動保存が行われる設定になっています。コマンドウィンドウには、保存されたタイミングで図のような案内が表示されます。

> **注意** 保存先のフォルダ名はユーザーや端末、設定によって異なります。

また、コマンドウィンドウに表示された内容をさかのぼって見たい場合、コマンドウィンドウの右端にあるスクロールバーを使うほか、キーを押すことで別ウィンドウ（図）として表示することができます。

2-6-4 コマンドオプション

コマンドを実行したとき、標準の操作以外のかき方ができるものには、コマンドの「オプション」が用意されています。2-6-3 の［四角形］コマンドの例では、四角形をかきながらフィレット（コーナーの丸み）も指定したい場合、オプションの［フィレット（F）］を使用します。

オプションを使用するには、標準の操作（2-6-3 の例では手順 2 の「始点コーナーを指定》」）の後ろにオプションを表すアルファベットを半角で入力します。フィレットの場合は「f」と入力し、Enter キーを押します。

> **HINT** コマンドオプションは、半角であれば大文字・小文字は問いません。

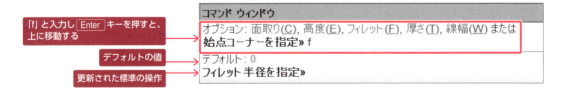

更新された標準の操作にフィレット半径として指定したい数値を入力し、Enter キーを押します。

> **HINT** ［デフォルト］には直前に使用した半径の値が表示されます。値を変更せずにデフォルトのまま使いたい場合は、入力せずに Enter キーを押すとデフォルトの値が適用されます。

ここでは［四角形］コマンドの例でオプションの確認をしましたが、これ以外にもオプションが用意されているコマンドがたくさんあります。よく使うオプションは以降の章で実際に作図を行いながら紹介します。

2-7 座標入力と作図ツール

📄 2-7-3.dwg　📄 2-7-6.dwg　📄 2-7-7.dwg　📄 2-7-8.dwg

DraftSightで正確な作図をするために役立つのが「座標入力」と「作図ツール」です。ここでは、これらの基本的な使い方を学習します。

2-7-1 座標入力と作図ツールの概要

　製図を行うとき、作図位置の指定の方法として、任意の位置を指定する場合もありますが、多くの場合、「どこに」「どこから」「どこまで」など位置や距離を正しく指定して正確な作図をする必要があります。DraftSightでは作図中、正確な位置を座標入力で指定できます。座標入力には、原点を基点として座標を入力する「絶対座標入力」と、直前の点を基点として座標を入力する「相対座標入力」の2つの方法があります。

　さらに、それぞれの座標入力にはX軸方向、Y軸方向への距離数値を入力する「直交座標」と、指定した角度方向への距離を入力する「円形状座標」があります。

　座標入力は、コマンドウィンドウに「○○を指定≫」と表示されているときに行います。

　また、正確な作図をするためのツールとして「作図ツール」があります。作図ツールには、方向を指定したり、既存のエンティティの特定の位置にスナップ（吸着、ぴったり合わせる）させてかいたりするためのツールなどが用意されています。作図ツールのボタンは画面の一番下に用意されています。

　ボタンの色が水色の状態がオン、グレーの状態がオフを表します。ボタンはクリックするごとにオン／オフが切り替わります。

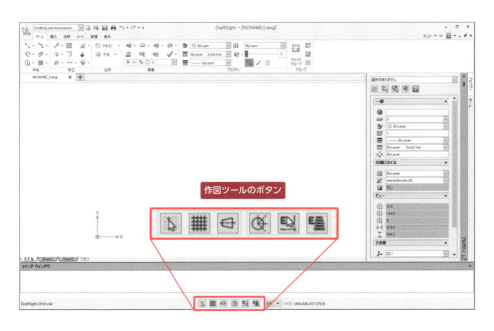

ボタンをオンにすると、それぞれ以下の機能を使うことができます。各ツールのオン／オフはボタンをクリックして切り替えるほかに、ツール名の（ ）内のキーを押しても切り替えることができます。

ツール名	機能
スナップ（F9キー）	グリッドにスナップ（吸着、ぴったり合わせる）させます。設定したスナップの各点だけをポインタで選択できるようになります。
グリッド（F7キー）	グリッド（格子）を点として表示させます。グラフィックス領域に設定したグリッドの各点を表示させます。
直交（F8キー）	ポインタの動きを現在の座標系の軸と平行の方向のみに制限します。
円形状（F10キー）	ポインタの動きに合わせ、設定した固定間隔の角度ごとにガイドが表示されます。ガイドが表示されている状態で位置を指定することで、設定した角度に沿わせた作図ができます。
Eスナップ（F3キー）	エンティティの終点・交点・中心点など幾何学的な重要点を検出して、クリック時にスナップさせます。
Eトラック（F11キー）	作図時にほかのエンティティとの特定の位置や、関係を持つ位置を指定することができます。Eトラックを使うときにはEスナップをオンにする必要があります。

注意　［直交］と［円形状］は同時にオンにすることができません。

2-7-2 絶対座標入力と相対座標入力

絶対座標入力では、常に原点（0, 0）を基点とします。位置の指定には2種類の方法があります。

- **直交座標**：X,Y（X方向とY方向への距離）を入力
  例：[15,30]
- **円形状座標**：距離と角度を入力
  例：[10<25]

相対座標入力では、直前に指定した点を基点とします。絶対座標入力同様、次の2種類の指定方法があります。

- **直交**：[@X,Y]（X方向とY方向への距離）を入力
  例：[@15,30]
- **円形状**：[@距離<角度]を入力
  例：[@10<25]

@は「直前に指定した位置から」、<は「角度の指定」を表します。

次の図は絶対座標値［5,4］の位置を「始点」にして、「直交座標」で「次の点」を指定した線分作図の例です。「次の点」として指定する座標は次の通りになります。

絶対座標入力の場合［10,7］
相対座標入力の場合［@5,3］

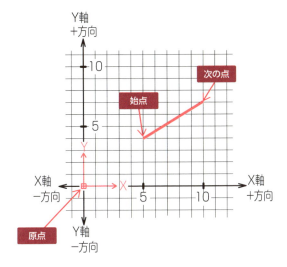

次の図は、「相対座標入力」の「円形状座標」で「次の点」を指定した線分作図の例です。「次の点」として指定する座標は［@5<30］です。

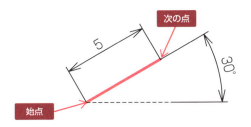

Column 角度について

DraftSightでは、始点からX軸の+方向（3時の方向）を0°としています。反時計回りが角度の+方向です。
図は中心の赤い十字部分を始点としたときの線分の角度を15°ずつ数値にしたものです。内側の太字の角度がプラス入力する場合、外側の細字の角度がマイナス入力する場合の角度値です。
同じ水平線でも、始点から右方向にかいた場合は「0°の線分」、左方向にかいた場合は「180°(-180°)の線分」ということになります。

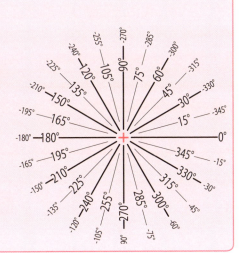

2-7-3　[スナップ] と [グリッド]

デフォルト設定ではスナップとグリッドはどちらも10間隔、同じ値になっています。そのため、[スナップ] と [グリッド] をオンにすると、コマンド実行中のポインタによる位置指定で、ポインタが座標上をグリッド単位、10間隔ごとに移動するようになります。

■ 実習：[スナップ] と [グリッド] を使ってみよう

1. 練習用ファイル「2-7-3.dwg」を開く。
2. 作図ツールのボタンでオンになっているものがある場合は、クリックしていったんすべてオフにする。

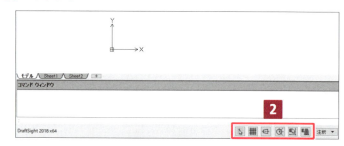

[グリッド] をオンにしてみましょう。

3. [グリッド]ボタンをクリックする。

グラフィックス領域上にグリッドが表示され、コマンドウィンドウには＜グリッド オン＞と表示されます。

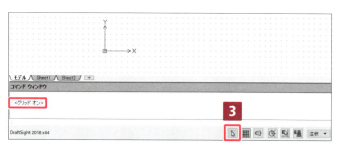

[スナップ] をオンにしてみましょう。

4. [グリッド]ボタンはそのままで、[スナップ]ボタンをクリックする。

コマンドウィンドウに＜スナップ　オン＞と表示されます。

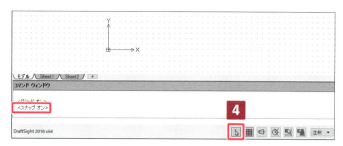

コマンドの実行をしない状態でポインタの動きを確認してみましょう。

5. ポインタの形を確認して動かす。

ポインタは図の形であり、動きがなめらかであることを確認します。

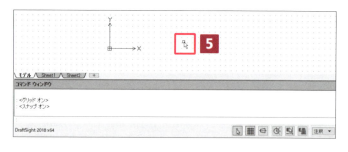

[線分] コマンドを実行し、ポインタの動きを確認してみましょう。

6. [ホーム]タブ ─ [作成]パネル ─ [線分]をクリックする。

コマンドウィンドウに標準の操作として「始点を指定」と表示されます。ポインタは赤と緑の十字に変わります。

7 ポインタの形を確認して動かす。

ポインタは点の上のみを移動します。

8 [Esc]キーを押してコマンドをキャンセルする。

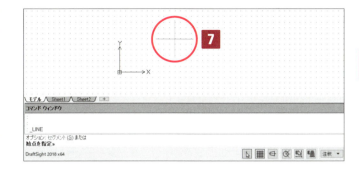

　このようにスナップの機能は、コマンド実行中にポインタで位置を指定するときに有効で、位置の指定時以外ではポインタの動きを制限しません。

2-7-4　[直交]

　[直交]はポインタの動きを水平／垂直方向のみに制限する機能です。

■ 実習：[直交]を使ってみよう

　2-7-3で開いた練習用ファイル「2-7-3.dwg」を引き続き使い、2-7-3にならってコマンドを実行しない状態と、実行した状態でポインタの動きを確認します。コマンド実行中の場合は[Esc]キーを押して解除し、作図ツールのボタンをいったんすべてオフにしてから実習を開始します。

[直交]をオンにしてみましょう。

1 [直交]ボタンをクリックする。

グラフィックス領域上では変化はありません。コマンドウィンドウには＜直交オン＞と表示されます。

2 ポインタの動きを確認する。

3 [ホーム]タブ －[作成]パネル －[線分]をクリックする。ポインタが赤と緑の十字に変わったら、ポインタの動きを確認する。

コマンドの実行をしない状態でも、実行した状態でも、ポインタがグラフィックス領域上をなめらかに移動します。

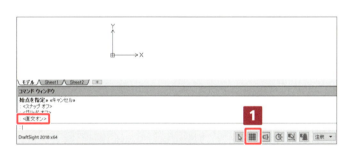

始点を指定します。

4 グラフィックス領域上の任意の位置をクリックする。

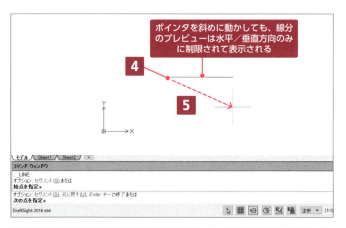

コマンドウィンドウに「次の点を指定」と表示されます。

5 ポインタを斜め方向に動かす。

始点として指定した位置からポインタの動きに合わせて、線分のプレビューが水平／垂直方向のみに制限されて表示されます。

6 Esc キーを押してコマンドをキャンセルする。

 ここでは［線分］コマンドを途中でキャンセルしていますが、「始点」としてグラフィックス領域上の任意の位置をクリックした後、「次の点」として別の位置をクリックすれば、線分が作図されます。また、始点からポインタを動かして方向を示した後で、数値を入力して Enter キーを押せば、次の点までの距離（線分の長さ）を指定できます。

　このように直交の機能は、コマンド実行中に直前の指定点からポインタで位置を指定するときに有効で、直前の指定点がない場合に位置を指定するときにはポインタの動きを制限しません。

Column　直交の機能を使ってかく線分が水平と垂直のどちらになるか

水平と垂直のどちらになるかは、始点とポインタを結んだ角度がX軸とY軸のどちらに近いかで決まります。ポインタが始点から45°の位置より低ければ線分は水平線になり（左図）、ポインタが始点から45°の位置より高ければ垂直線になります（右図）。

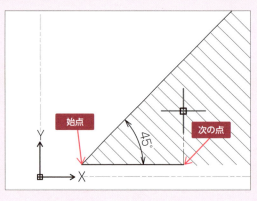 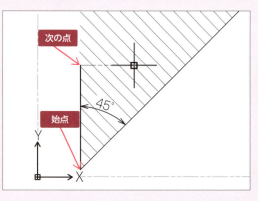

2-7-5 ［円形状］

　［円形状］は、あらかじめ設定した角度にポインタが重なるとガイドを表示する機能です。ガイドが表示されている状態でクリックしたり、数値を入力すると、ガイドが表示されている角度上を指定することができます。［直交］の機能のようにポインタの動きは制限されません。

■ 実習：［円形状］を使ってみよう

　2-7-3 で開いた練習用ファイル「2-7-3.dwg」を引き続き使います。コマンドが実行中の場合は Esc キーを押して解除します。

円形状ガイドを有効にする

1 ［円形状］ボタンをクリックする。

［円形状］がオンになると自動的に［直交］は解除されます。

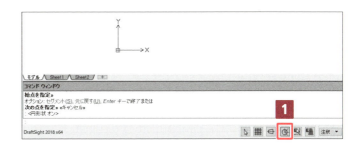

円形状ガイドの設定を変更する

デフォルト設定では円形状ガイドが90°ごとに表示されるのを、30°ごとに変更します。この手順は設定を変更したいときのみ行うもので、毎回行う必要はありません。

1 ［円形状］ボタンを右クリックし、ショートカットメニューから［設定...］を選択する。

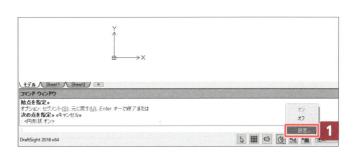

［オプション - ユーザープリファレンス］ダイアログボックスが表示されます。

2 ［円形状ガイド有効］と［円形状ガイド表示］にチェックが入っていることを確認する。

3 ［円形状ガイド表示］の右側の入力欄に「30」と入力する。

> **HINT** 入力欄右側の▼をクリックして、プルダウンリストから数値を選択することもできます。

4 ［OK］ボタンをクリックする。

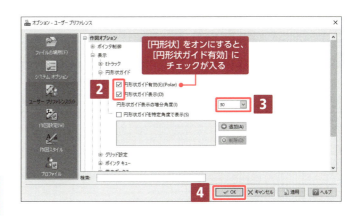

円形状ガイドの表示を確認する

［線分］コマンドを実行し、円形状ガイドを確認してみましょう。

1. ［ホーム］タブ ―［作成］パネル ―［線分］をクリックする。

ポインタが赤と緑の十字に変わったら、始点を指定します。

2. グラフィックス領域上の任意の位置をクリックする。

コマンドウィンドウに「次の点を指定」と表示されます。

3. ポインタを右方向に動かす（クリックはしない）。

0°の方向に円形状ガイド（無限点線表示）が表示されます。

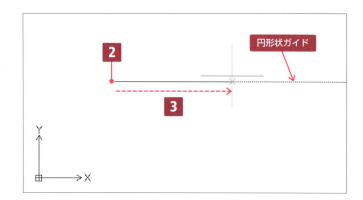

4. ポインタを少し上に動かす。

円形状ガイドが消えます。

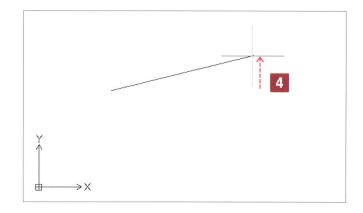

5. さらにポインタを上のほうに動かす。

プレビューが30°になったところ、60°になったところ、と先ほど設定した30°の間隔ごとに円形状ガイドが表示されます。

6. Escキーを押してコマンドをキャンセルする。

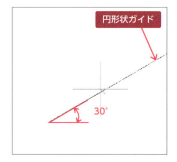
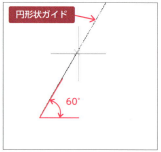

作図ツールの［円形状］は［直交］のように作図の方向を制限するのではなく、設定した角度に基づいて出したガイドに作図を沿わせる機能です。［円形状］がオンになっていても、ガイドが表示されていない任意の位置への作図が可能です。

2-7-6 ［Eスナップ］

　［Eスナップ］は位置の指定時に、あらかじめ設定したエンティティの幾何学的な重要点にスナップさせる機能です。

■ 実習：［Eスナップ］を使わずに作図してみよう

1. 練習用ファイル「2-7-6.dwg」を開く。

まずは［Eスナップ］を使わずに作図して確認します。

2. 作図ツールをすべてオフにする。

3. ［ホーム］タブ ─ ［作成］パネル ─ ［線分］をクリックする。

ポインタが赤と緑の十字に変わったら、始点を指定します。

4. 既存の線分の上の終点をクリックする。

コマンドウィンドウに「次の点を指定」と表示されます。

5. ポインタを右方向に動かし、任意の位置をクリックする。

6. Esc キーを押してコマンドを終了する。

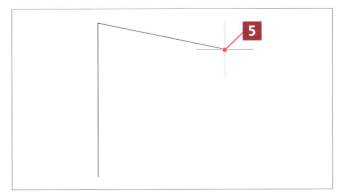

7. 既存の線分と、作図した線分の交点を拡大して確認する（画面拡大の方法は P.45「2-5-1　画面の拡大・縮小」を参照）。

ここでは、終点どうしが離れてしまいました。これは例ですが、［Eスナップ］を使わない場合、線分の終点にぴったり合わせてかくのはとても難しいことです。

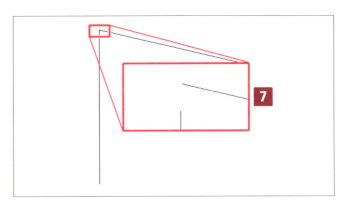

■ 実習：[Eスナップ] を使って作図してみよう

今度は [Eスナップ] をオンにして作図し、確認します。

[Eスナップ] をオンにする

1 [Eスナップ]ボタンをクリックする。

[Eスナップ] の設定を変更する

[Eスナップ] の設定を変更します。この手順は設定を変更したいときのみ行うもので、毎回行う必要はありません。

1 [Eスナップ]ボタンを右クリックし、ショートカットメニューから [設定...] を選択する。

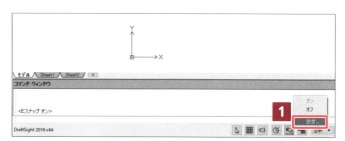

[オプション - ユーザープリファレンス] ダイアログボックスが表示されます。

2 図のように設定する。

DraftSightはさまざまな分野で使われる汎用CADですが、ここでは機械製図をしやすいような設定に変更します。

デフォルト設定では [近接点][補助線][平行][垂直交差] のEスナップが無効になっています。ここでは、[近接点] をのぞくすべての項目にチェックを入れ、有効にします。

3 [OK]ボタンをクリックする。

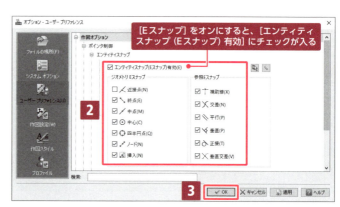

Eスナップの確認をする

[線分] コマンドを実行し、Eスナップの確認をしてみましょう。

1 [ホーム]タブ ─ [作成]パネル ─ [線分]をクリックする。

位置を指定するときのポインタの形は、[Eスナップ] がオンのとき（左図）とオフのとき（右図）で違いがあります。

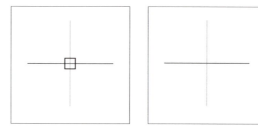

始点を指定します。

2 既存の線分の下の終点にポインタを近づける。

「Eスナップキュー」と呼ばれる四角いマーカー(図中の色付き部分)が線分の下の終点に表示され、ポインタの右下には［終点］という黒い枠で囲まれた文字が表示されます。

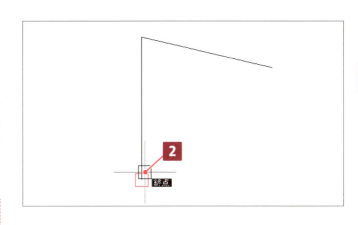

 「Eスナップキュー」とはEスナップを使うときに表示されるマークのことで、「ポインタキュー」や「マーカー」とも呼ばれます。

3 マーカーが表示された状態でクリックする。

コマンドウィンドウに「次の点を指定」と表示されます。

4 任意の位置をクリックして指定する。

5 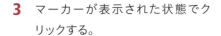キーを押してコマンドを終了する。

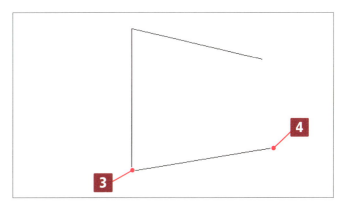

6 既存の線分と今作図した下の線分の交点を拡大して確認する（画面拡大の方法はP.45「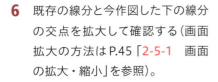　画面の拡大・縮小」を参照）。

どれだけ拡大しても、線分の終点にぴったりくっついています。［Eスナップ］のツールを使うことで、このような正確な作図を行うことができます。

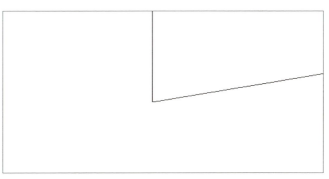

［Eスナップ］には［終点］のスナップのほかに、［中点］や円の［中心点］にスナップさせるものもあります。［Eスナップ］の種類、概要、マーカーの形状は次の通りです（DraftSightの画面上で2通りの表記があるものはカッコ内に記載しました）。

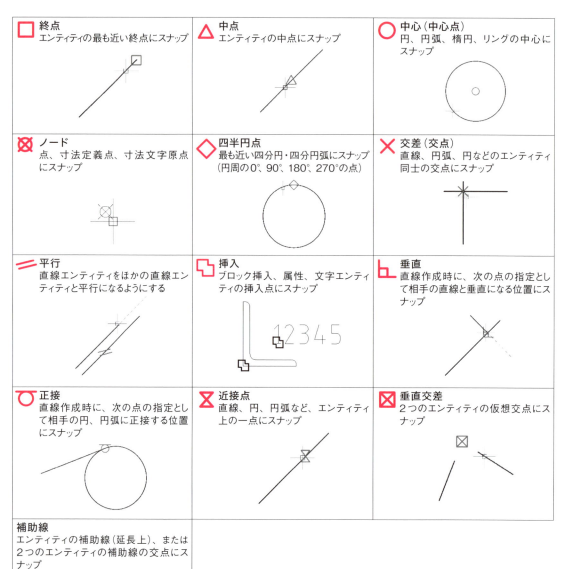

2-7-7　[Eトラック]

[Eトラック]は位置の指定時に、ほかのエンティティから特定の距離や角度を指定することができます。[Eトラック]は[Eスナップ]を使い、[円形状]で設定した角度に沿わせるため、[円形状]の設定をし、[Eスナップ]も同時にオンにして行います。

■ 実習：[Eトラック]を使ってみよう

この実習では新しい練習用ファイルを使用します。2-7-5で行った[円形状]の設定、2-7-6で行った[Eスナップ]の設定はそのまま使います。

1 練習用ファイル「2-7-7.dwg」を開く。

既存の線分の上の終点からX軸プラス方向に50離れた位置から線分をかきます。

2 作図ツールの[円形状][Eスナップ][Eトラック]をオンにする。

3 [ホーム]タブ ― [作成]パネル ― [線分]をクリックする。

ポインタの形が十字に変わります。

4 既存の線分の上の終点にポインタを近づける。

[終点]のマーカーが表示されます。

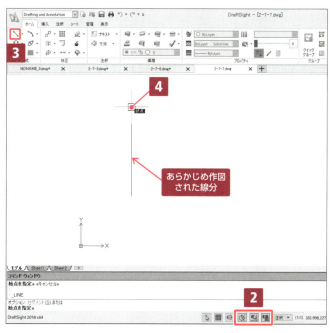

5 クリックはせずに、ポインタを水平に右へ動かす。

終点にマーカーが残ったまま、水平のガイドが表示されます。また、マーカーと同じ位置に小さな青い十字も表示されています。

 ガイドが表示されない場合は、もう一度終点位置にポインタを戻してから、ゆっくり、できるだけ水平に動かします。斜めに移動すると表示されません。

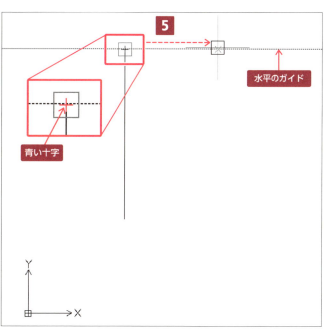

距離を指定します。

6 「50」と入力し、Enter キーを押す。

水平のガイドに沿って既存の線分の上の終点から50離れた位置に、始点が指定されます。

コマンドウィンドウには「次の点を指定」と表示されます。まだ始点が決まっただけなので、ポインタを動かすとプレビューはポインタに追従します。

7 Esc キーを押してコマンドをキャンセルする。

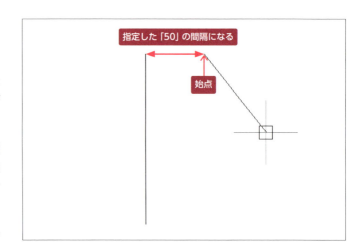

2-7-8 [Eスナップ上書き]

[Eスナップ上書き]は位置の指定時に、一時的に設定したエンティティの幾何学的な重要点にスナップさせる機能です。上書きしたスナップが優先され、その他のスナップは効かなくなります。優先されたスナップは、一度使うと優先が解除されます。

■ 実習：[Eスナップ上書き] を使ってみよう

この実習では新しい練習用ファイルを使用します。2-7-5 で行った [円形状] の設定、2-7-6 で行った [Eスナップ] の設定はそのまま使います。

1 練習用ファイル「2-7-8.dwg」を開く。

既存の線分の上の終点を始点として、既存の円に接した線分を作図します。

2 [Eスナップ]をオンにする。

 HINT [円形状] と [Eトラック] はオンでもオフでもこの操作には影響がありません。解説画像はオフにした状態です。

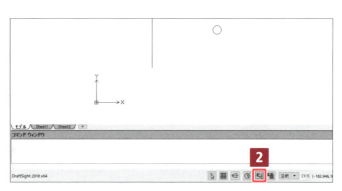

3 [ホーム]タブ ー [作成]パネル ー [線分]をクリックする。

ポインタの形が十字に変わります。

4 既存の線分の上の終点にポインタを近づける。

5 [終点]のマーカーが表示される位置をクリックする。

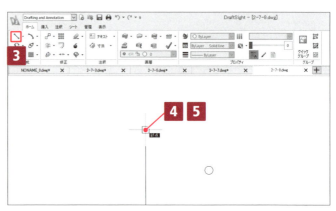

これで線分の始点を指定できました。
まずEスナップ上書きを使わずに、既
存の円まで線分を伸ばしてみましょう。

6 図に示したあたりまでポインタを
移動し、円の上端に沿うように左
右にポインタを動かす。

ポインタの位置によって、［平行］→
［四半円点］→［正接］とマーカーが変
化します。

円が小さいので、マーカーが混み合っ
て選びにくいです。

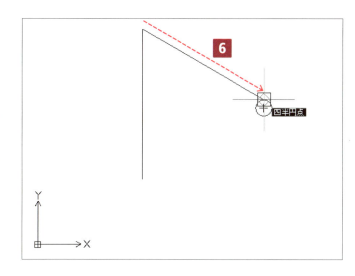

次に、Eスナップ上書きを使って試し
てみましょう。

7 線分のプレビューが表示された状
態で、右クリックする。

8 ショートカットメニューから［Eスナッ
プ上書き］－［正接］を選択する。

 手順7で Ctrl キーを押しながら
右クリックすると、［Eスナップ上
書き］の選択を省略して、じかにE
スナップ上書きのメニュー（図のメ
ニューの右側）を表示できます。

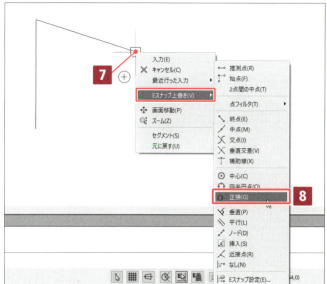

これで一時的に［正接］のスナップが
優先的にオンになります。

9 図に示したあたりでポインタを動
かす。

［正接］のマーカーのみが表示されま
す。ポインタを動かしても、ほかの
マーカーは表示されません。

10 Esc キーを押してコマンドをキャ
ンセルする。

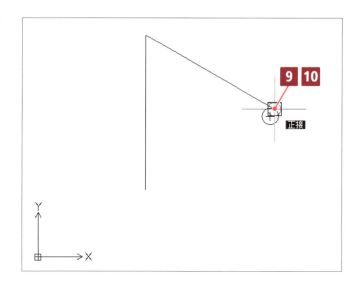

2-8 エンティティの選択と選択解除

📄 2-8-1.dwg　📄 2-8-2.dwg　📄 2-8-3.dwg

作図中、エンティティを削除したり、コピーや回転をするなど、さまざまな場面でエンティティを選択します。ここではさまざまなエンティティの選択方法を学習します。

2-8-1　エンティティを個別に選択／選択解除する

エンティティの選択は、コマンド実行中にコマンドウィンドウに「エンティティを指定」と表示されたときに行います。コマンドを何も実行していない状態でエンティティを選択することもできます。

■ **実習：クリックで「選択」「追加選択」「選択解除」を行ってみよう**

 練習用ファイル「2-8-1.dwg」を開く。

> **HINT** エンティティの選択では、作図ツールのオン／オフは問いません。

一番右の線分を選択します。

2　右の線分をクリックする。

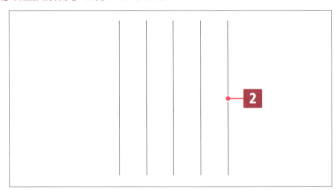

線分は水色表示（DraftSight 2017では点線表示）になり、線分の両終点と中点に「エンティティグリップ」（以下、グリップ）と呼ばれる青い■が表示されます。

> **HINT** 選択をやめたいときは Esc キーを押します。

続けて、線分を追加選択します。

 右から2番目の線分をクリックする。

デフォルト設定ではクリックだけで選択エンティティが追加されます。

選択済みのエンティティを選択解除します。

 Shift キーを押しながら、一番右の線分をクリックする。

> **HINT** グリップ以外の線分上をクリックします。

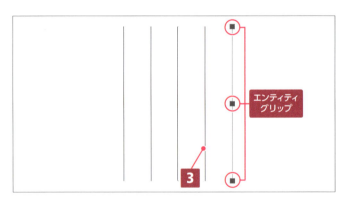

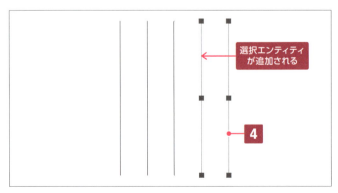

一番右のエンティティが選択解除されます。

 一般的なWindowsの共通操作では、[Shift]キーや[Ctrl]キーを押しながら追加選択（選択解除）を行います。しかし、DraftSightではキーを押さずに追加選択ができ、選択解除したいときにのみ[Shift]キーを押しながら操作します。

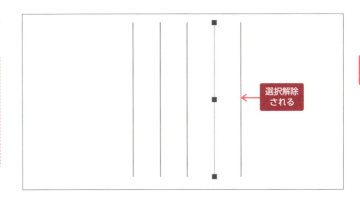

2-8-2 エンティティをまとめて選択／選択解除する

エンティティはまとめて選択することができます。枠で囲む「ウィンドウ選択」と「交差選択」がよく使われれます。

左から右に囲む「ウィンドウ選択」（青い実線の枠が表示される）は、囲んだ枠に完全に含まれるエンティティを一度にまとめて選択できます。右から左に囲む「交差選択」（緑の破線の枠が表示される）は、囲んだ枠に完全に含まれる、または一部がかかったすべてのエンティティを一度にまとめて選択できます。

■ 実習：「交差選択」でまとめて選択してみよう

1 練習用ファイル「2-8-2.dwg」を開く。

 エンティティの選択では、作図ツールのオン／オフは問いません。

線分を「交差選択」でまとめて選択します。

2 ポインタを右の線分の右上に移動し、クリックする。

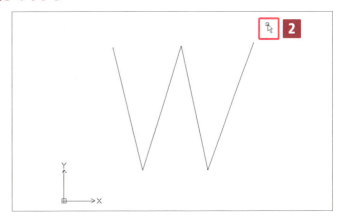

3 ポインタを左下に移動する。

手順2でクリックした位置から矩形状に緑の点線が表示されます。ポインタの右下には「交差選択」であることを表すマークが表示されます。

4 図のポインタのあたり（右から2本目の線分の真ん中あたりを点線が通過するくらいの位置）をクリックする。

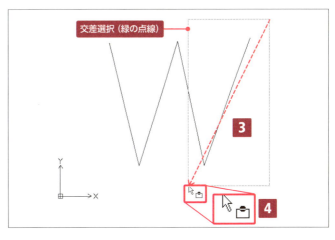

右から2本が選択されます。

選択したエンティティをすべて選択解除します。

5 Esc キーを押す。

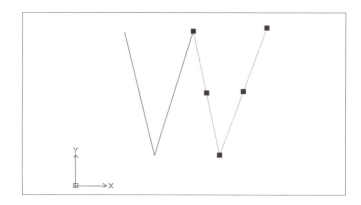

■ 実習：「ウィンドウ選択」でまとめて選択してみよう

引き続き練習用ファイル「2-8-2.dwg」を使います。今度は線分を「ウィンドウ選択」でまとめて選択します。

1 ポインタを中央上部の左上に移動し、クリックする。

2 ポインタを右下に移動する。

手順1でクリックした位置から矩形状に青の実線が表示されます。ポインタの右下には「ウィンドウ選択」であることを表すマークが表示されます。

3 図のポインタのあたりをクリックする。

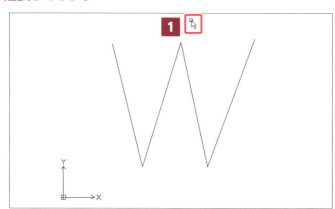

右から1本が選択されます。

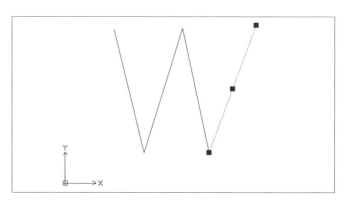

■ 実習：図面上のすべてのエンティティを選択、選択解除してみよう

引き続き練習用ファイル「2-8-2.dwg」を使い、図面上のすべてのエンティティを選択します。

1　Ctrl キーを押しながら A キーを押す。

図面上のすべてのエンティティが選択されます。

> ⚠ 注意　Ctrl + A キーのショートカットは DraftSight 独自の機能ではなく、Windows の共通機能です。DraftSight 以外のソフトやフォルダがアクティブになっている状態で行うと、そのソフトやフォルダ内が「全選択」されるので注意してください。

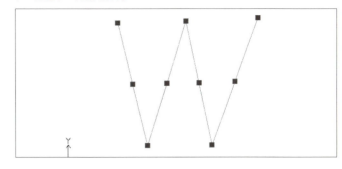

左から2本の選択をまとめて解除します。

2　Shift キーを押しながら、ポインタを一番左の線分の左上に移動し、クリックする。

3　ポインタを右下に移動する。

手順2でクリックした位置から矩形状に青の実線が表示されます。ポインタの右下には「ウィンドウ選択」であることを表すマークが表示されます。

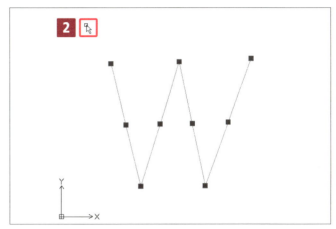

4　選択解除したい2本目の線分がしっかり枠内に収まる位置（図に示したあたり）をクリックする。

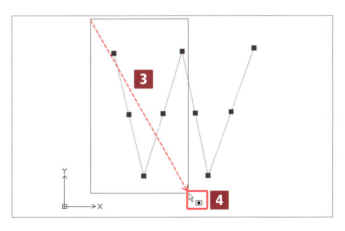

左から2本の選択が解除され、図のようになります。

5　Esc キーを押して、すべての選択を解除する。

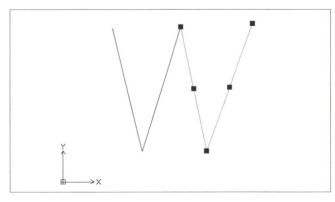

Column　交差選択とウィンドウ選択のどちらを使うか

先ほどの実習のような単純な図形の場合、「交差選択」でも「ウィンドウ選択」でも囲む範囲を変えれば、同じエンティティを選択することができます。しかし、エンティティが多く交差し合った図形の場合、どちらの選択を使うかで手数が違ってきます。たとえば、図のレバーの部分（色付きで示した部分）の8要素のみを選択したい場合、一度に行おうとすると「交差選択」では不要なものまで選択されてしまいます。

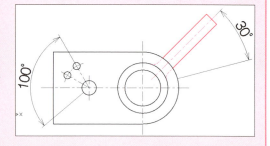

「完全に含まれるもののみ選択する」という「ウィンドウ選択」の特徴を生かして左図のように選択すると、不要なものは選択せずに一度にレバーの部分のみを選択することができます。

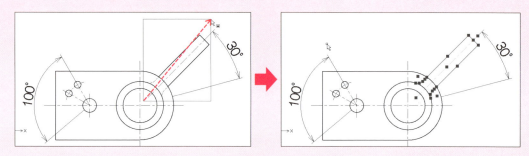

逆に「交差選択」でないとうまくいかない選択もあります。たとえば、4本の線分で作られた長方形の直交した2辺を選択する場合、「完全に含まれるもののみ」というウィンドウ選択では一度に選択することができません。交差選択で左図のように囲めば、同時に2本選択することができます。

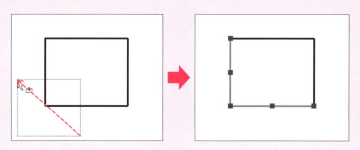

2-8-3 エンティティを削除する

エンティティを削除するには、主に2つの方法があります。1つはエンティティを選択した状態で Delete キーを押す方法、もう1つは[削除]コマンドを実行する方法です。

■ 実習：[削除]コマンドを使ってエンティティを削除してみよう

1. 練習用ファイル「2-8-3.dwg」を開く。

   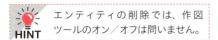
   エンティティの削除では、作図ツールのオン／オフは問いません。

2. [ホーム]タブ ―[修正]パネル ― [削除]をクリックする。

コマンドウィンドウに「エンティティを指定」と表示されます。

3. 一番左の線分をクリックして選択する。

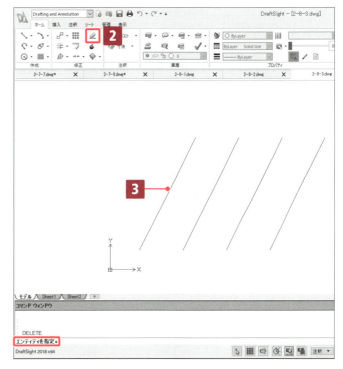

選択した線分が水色表示（DraftSight 2017では点線表示）になります。通常の選択時のようなグリップは表示されません。コマンドウィンドウには「エンティティを指定」と表示され、削除対象を追加で指定できます。

4. 左から2番目の線分をクリックして選択する。

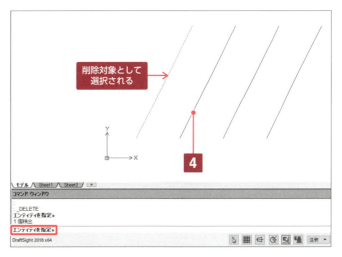

2本目が水色表示（DraftSight 2017
では点線表示）になります。

5 Enter キーを押して確定する。

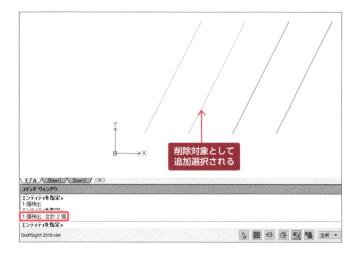

選択した2本の線分が削除されます。

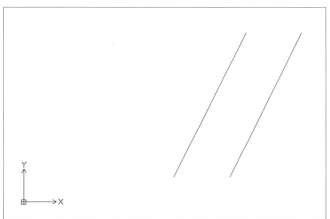

第3章

機械部品の図面を作図する

この章では、JISの製図規格に則った機械部品の図面作成を実際に行います。第2章で学習した作図の基本を生かし、図面を作成しながらDraftSightのさまざまなコマンドや製図の基礎を習得しましょう。

3-1 プレートの作図
3-2 キューブの作図
3-3 フックの作図
3-4 ストッパーの作図
3-5 留め金の作図

3-1 プレートの作図

📄 A4_kikai_1.dwt　📄 3-1-3.dwg　📄 3-1-4.dwg　📄 3-1-5.dwg

簡単なプレートを作図しながら、四角形や円の作図などのCAD操作、投影図の位置合わせなどの製図の基本を学びましょう。

3-1-1 この節で学ぶこと

この節では、次の図のような簡単なプレートを作図しながら、以下の内容を学習します。
このプレートは1枚の板に穴が開いた簡単な形状です。正面図と側面図の高さをそろえてかきます。

CAD操作の学習

- 四角形を作図する
- 円を作図する
- 線分を作図する
- 線分の長さ変更をする
- エンティティのコピーを作成する
- 画層を使い分ける
- 寸法を記入する
  - ・長さ寸法
  - ・継続寸法
  - ・並列寸法
  - ・直径寸法
- 図面をPDFファイルに書き出す、または印刷する

製図の学習

- 中心線の線種
- 投影図の位置合わせ
- 投影図の省略
- 寸法線の間隔
- 複数個所の寸法指示と直径記号

完成図面

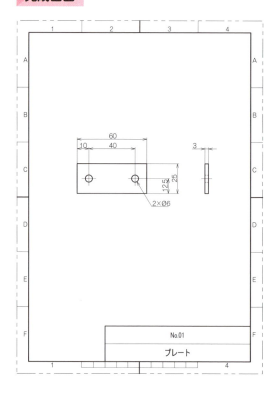

作図部品の形状

 注意 DraftSightは2D CADのため、3Dモデルのレンダリングはできません。ここに載せた「作図部品の形状」の3Dモデルは、別のソフトを使ってレンダリングしたものです。

この節で学習するCADの機能

[四角形］コマンド
（RECTANGLE／
エイリアス：REC）

● 機能
正方形や四角形を作図するコマンドです。このコマンドで作成された四角形は閉じたポリラインの1つの要素になります。オプションには回転や、フィレット／面取りなどのコーナー処理を施したかき方もあります。

● 基本的な使い方
1　［四角形］コマンドを実行する。
2　始点コーナーを指定する。
3　反対側のコーナーを指定する。

[円］コマンド
（CIRCLE／
エイリアス：C）

● 機能
閉じた円を作図するコマンドです。基本的に円の中心と半径を指定して作図しますが、機械図面では、ほかの要素に接した円を指定して作図するオプションもよく使われます。

● 基本的な使い方
1　［円］コマンドを実行する。
2　円の中心点を指定する。
3　半径（通過点）を指定する。

[線分］コマンド
（LINE／
エイリアス：L）

● 機能
有限線をかくコマンドです。始点、終点を指定してかいたり、始点、方向と長さを指定してかいたりします。

● 基本的な使い方
1　［線分］コマンドを実行する。
2　始点を指定する。
3　終点（または方向と長さ）を指定する。
　　形状を閉じるか、コマンドを終了するまで連続して線分をかくことができる。

[長さ変更］コマンド
（EDITLENGTH／
エイリアス：LEN）

● 機能
既存の線分の長さを変更するコマンドで、はじめにオプションを指定します。よく使われるのは、増分を指定して変更するオプションで、そのほかに変更後の長さを指定するオプションや比率で変更するオプションなどもあります。

● 基本的な使い方
1　［長さ変更］コマンドを実行する。
2　オプションを指定する。
3　数値入力などを行う。
4　変更したい線分の増減したい側を指定する。

[コピー］コマンド
（COPY／
エイリアス：CO）

● 機能
エンティティの複製を作成するコマンドです。コマンドを実行してからコピーするエンティティを指定、コピーするエンティティを指定してからコマンドを実行、どちらの手順でもコピーできますが、後者は選択を確定する Enter キーを押す操作を省くことができます。

● 基本的な使い方
1　コピーしたいエンティティを選択する。
2　［コピー］コマンドを実行する。
3　始点を指定する。
4　2つ目の点（コピー先の点）を指定する。
　　コマンドを終了するまで複製を作り続けることができる。

[画層マネージャー]コマンド（LAYER／エイリアス：LA）	●機能 画層の管理（新規作成、削除など）や画層プロパティの設定を行います（画層についてはP.80の「Column」を参照）。印刷する画層の設定も行えます。
	●基本的な使い方 1. [画層マネージャー]コマンドを実行する。 2. 画層を確認し、画層の新規作成や削除、印刷する画層の設定などを行う。
寸法コマンド 	●機能 既存の形状に寸法を入れるコマンドです。寸法の種類によって使い方が変わるので、作図しながら覚えていきましょう。 ●基本的な使い方 1. 各寸法コマンドを実行する。 2. 寸法基点やエンティティを指定する。 3. 寸法数値の配置位置を指定する。

3-1-2 作図の準備

ここからは、実際にDraftSightを操作していきます。ここで行う準備の手順は 3-1 から 3-5 まで共通です。

■ 図面ファイルを新規作成する

テンプレートをもとに図面ファイルを新規作成します。

1 DraftSightを起動する。

> **HINT** DraftSightを起動すると、前回最後に閉じた図面で使用していたテンプレートが開きます。

2 クイックアクセスツールバーの[新規]ボタンをクリックする。

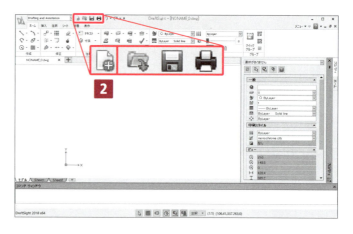

[テンプレートを指定]ダイアログボックスが表示されます。

3 ファイルの種類が[図面テンプレート（*.dwt）]になっていることを確認する。

4 練習用ファイル「A4_kikai_1.dwt」を指定する。

5 [開く]ボタンをクリックする。

テンプレートをもとにした図面ファイルが作成されます。

6 左下のモデル／シートタブが[モデル]になっていることを確認する。

タブをクリックして切り替えることができます。

本書ではシートタブは使いません。モデルタブで作図練習を行います。

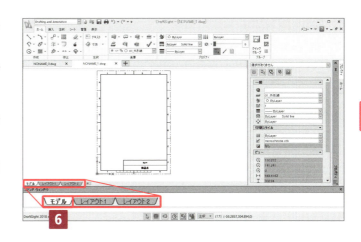

■ 作図オプションを設定する

1 [円形状][Eスナップ][Eトラック]をオンにする。

> **注意** 手順2～5は設定を変更したいときのみ行うもので、毎回行う必要はありません。

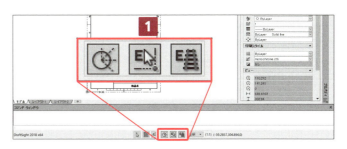

2 [円形状]ボタンを右クリックし、表示されたショートカットメニューから[設定...]を選択して、図のように設定する。

ここでは[円形状ガイドを特定角度で表示]にもチェックを入れ、角度を「45」「135」「225」「315」と指定します。

> **HINT** 複数の角度を指定する場合は、[追加]ボタンをクリックして角度を入力、を繰り返します。

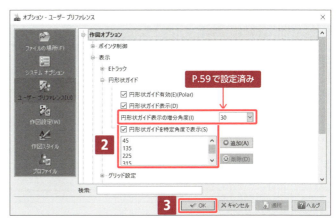

3 [OK]ボタンをクリックする。

4 [Eスナップ]ボタンを右クリックし、表示されたショートカットメニューから[設定...]を選択して、図のように設定する。

[近接点][平行][正接]を除く、すべてのEスナップにチェックを入れます。

5 [OK]ボタンをクリックする。

■ 画層を確認する

1 [ホーム]タブ ―[画層]パネルで画層が[01_外形線]と表示されていることを確認する。

画層を[01_外形線]から変更した場合は、をクリックしてプルダウンリストから[01_外形線]を選択します。

> **注意** 選択するときは、文字の部分をクリックします。マーク部分をクリックすると、表示が切り替わったりパレットが開いたりします。

Column　画層とは

「画層」（レイヤーともいう）は、よく「透明なフィルム」にたとえられます。CADを使った製図では、一般的にこの「透明なフィルム」を何枚も重ね合わせて1枚の図面を表現します。

本書のテンプレート「A4_kikai_1.dwt」にも、いくつかの画層があらかじめ設定されています。たとえば[01_外形線]という画層は外形線を作図するとき、[08_寸法]という画層は寸法を記入するとき、というように画層を切り替えながら作図していきます。

それぞれの画層には個別に、作図の際に自動で適用される線の色、種類、太さや、その画層を表示する／表示しない、といった設定をすることができます。

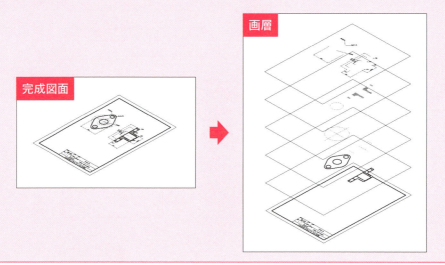

■ 課題番号と部品名を入力する

入力見本に色付きで示したように、図枠の右下に課題番号と部品名を入力します。

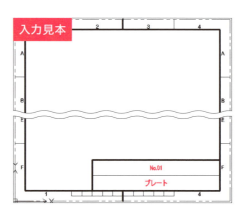

1 図枠をクリックして選択する。

図枠が、選択を表す水色表示（DraftSight 2017では点線表示）になります。また、画層が［00_図枠］に切り替わり、図枠のプロパティを編集できるようになります。

2 プロパティパレットのスクロールバーを一番下までドラッグする。

3 ［ブロック属性］項目の［課題番号］欄をクリックする。

4 入力ポインタが表示されたら、「No.01」と入力して Enter キーを押す。

5 入力ポインタが［部品名］欄に移動するので、「プレート」と入力して Enter キーを押す。

6 入力した値が図枠に反映されたことを確認し、 Esc キーを押して図枠を選択解除する。

画層は［00_図枠］から［01_外形線］に戻ります。

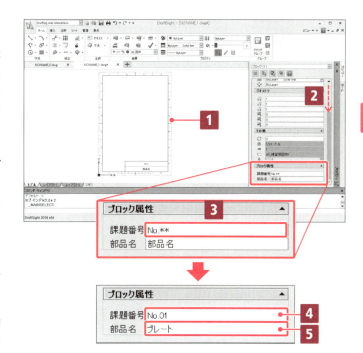

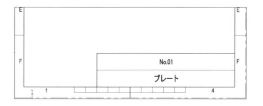

3-1-3　正面図の作図

プレートの正面図を作図します。まず四角形、次に円を作図しましょう。

■ 四角形を作図する

作図見本に色付きで示したように、任意の位置に四角形を作図します。

1 練習用ファイル「3-1-3.dwg」を開く（または 3-1-2 で作成した図面ファイルを引き続き使用）。

 注意　作図オプションは図面ファイルに保存されません。たとえば図面ファイルを［円形状］をオンにして保存して終了し、次の起動時に［円形状］をオフにした状態でそのファイルを開くと、オフのままになります。

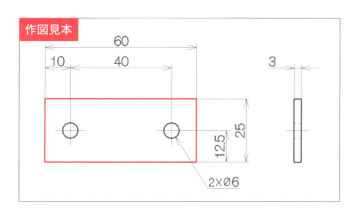

2 ［ホーム］タブ―［作成］パネル―［四角形］をクリックする（あるいは「RECTANGLE」または「REC」と入力して Enter キーを押す）。

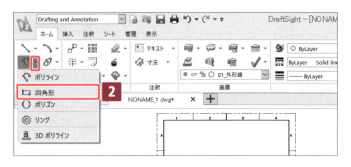

 ［四角形］は、［ポリライン］アイコン右の［▼］をクリックすると表示されます。

コマンドウィンドウに「始点コーナーを指定」と表示されます。

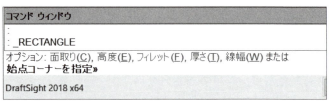

3 始点として、四角形の左下にしたい任意の位置をクリックする。

コマンドウィンドウに「反対側のコーナーを指定」と表示され、ポインタを動かすと、ポインタに四角形の対角の頂点が一緒についてきます。

この後、ポインタを移動して任意の位置でクリックし、四角形の対角の頂点を指定することもできますが、ここでは対角の位置を数値入力で指定します。

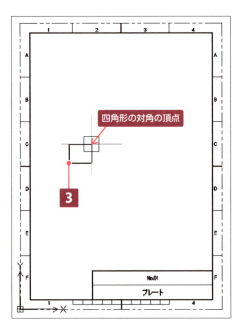

4 「@60,25」と半角で入力し、Enter キーを押して確定する。

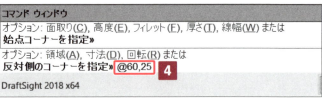

 数字の区切りは「.（ドット）」ではなく「,（カンマ）」です。また、@は相対座標入力を表す記号です（詳しくはP.54「2-7-2 絶対座標入力と相対座標入力」を参照）。

横60×縦25の四角形が作図され、[四角形]コマンドが自動的に終了します。

 手順としては明記していませんが、作業の節目ごとにこまめに図面ファイルを保存することをおすすめします。

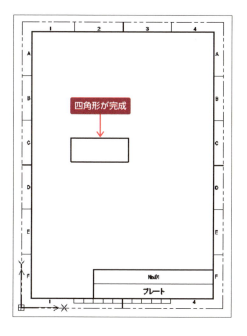

Column　単位について

本書の解説では作図の単位を明記していませんが、本書で使用するテンプレートでは単位がmmに設定されています。
DraftSightでは、単位設定（[管理]タブー[図面]パネルー[単位...]から設定可能）で決めたものがその図面で使われる数値の単位になりますが、作図時に入力する数値に単位はありません。
たとえば、「10」の長さでかいた線分は、単位設定をmmにすれば「10mm」になりますが、単位設定をインチにすればその長さのまま「10インチ」になります。画面上では同じ「10」の長さの線が、単位設定を変えれば「10ミクロン」にも「10光年」にもなるのです。
企業研修などでよく設計者の方に「mmでかいた図面をインチにしたいと思って単位設定を変えても、10mmが10インチになるんですよ。おかしいです。10mmは約0.4インチになるはずですよね？　なぜ変わらないのでしょうか？」と質問されるのですが、これは「DraftSightなどのCAD上（画面上）では10は10であって、そのものには単位がないから」です。
製図では「寸法に単位を記入しない」という決まりがあります。図面としては「記入しないだけで単位はある」のですが、CADの側では単位を省略しているのではなく「単位がない」ということなのです。

■ 円を作図する

作図見本に色付きで示したように、位置を指定して円を作図します。

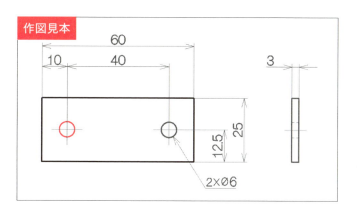

1 ［ホーム］タブ ―［作成］パネル ―［円］をクリックする（あるいは「CIRCLE」または「C」と入力してEnterキーを押す）。

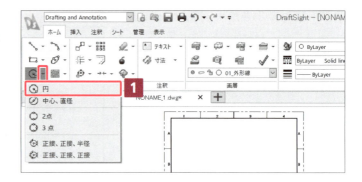

コマンドウィンドウに「中心点を指定」と表示されます。

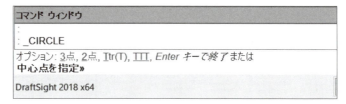

四角形の左の縦線の中点から、右に10の位置に円の中心点を指定するために［円形状］と［Eトラック］の作図オプションを利用します。

2 図のように画面を拡大する。

3 ポインタを左の縦線の中点あたりに持っていく（クリックはしない）。

中点のエンティティスナップが反応し、［中点］のマーカーが表示されます。

4 ポインタをゆっくり右に水平に動かす。

点線のガイドが表示されます。

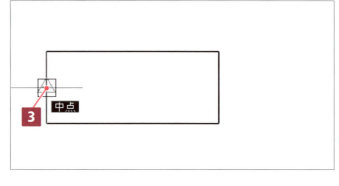

> **HINT** このとき、右の縦線までポインタを移動すると、右の縦線の中点スナップが反応してしまうので、図のように右まで届かない位置にすることがポイントです。

5 水平のガイドが表示されている状態のまま「10」と入力し、Enterキーを押して確定する。

これで、円の中心点が左縦線の中点から10の位置に指定されます。

コマンドウィンドウには「半径を指定」と表示されます。円の大きさはまだ決まっていないので、ポインタを動かすと円の大きさが伸び縮みします。

この後、ポインタを移動して任意の位置でクリックし、円の半径を指定することもできますが、ここでは円の半径を数値で指定します。

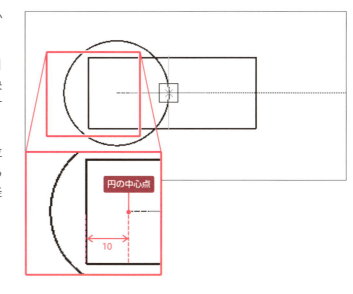

6 半径として「3」と入力し、Enter キーを押して確定する。

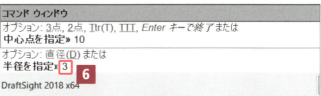

半径3の円が作図され、[円] コマンドが自動的に終了します。

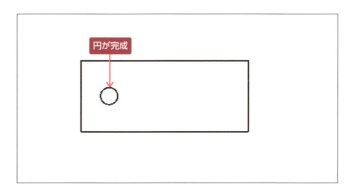

 [直径（D）] オプションを使って直径を指定することもできます。その場合、手順6の代わりに「D」と入力して Enter キーを押し、直径の値「6」を入力して Enter キーを押します。

 手順3～5の中心点位置の指定では、[Eトラック] の機能を使っています（Eトラックについては P.65「2-7-7 [Eトラック]」を参照）。ここでは、Eトラックはエンティティスナップ（Eスナップ）のマーカーから水平に表示されたガイド（点線）を使うので、ポインタをゆっくり水平に動かすことが大事です。
Eトラックに慣れれば作図スピードがアップしますが、うまくガイドが表示できないなどの理由で使いたくない場合は、線分をかいて補助線のように使うことで代用ができます。図の色付きで示した線分は、左の縦線の中点から右に10の長さでかいた線分です。この線分の右の終点を円の中心点としてクリックして円をかけば、Eトラックを使ったときと同じ要領で作図できます。円をかき終わったら、線分は不要なので削除します。

■ 画層を切り替える

中心線をかくための画層に切り替えます。

1 ［ホーム］タブ ―［画層］パネルで、画層のプルダウンリストから［04_中心線］を選択する。

 注意 画層の切り替えは、エンティティを何も選択していない状態で行います。エンティティを選択した状態で行うと、選択したエンティティの画層が変更されます。

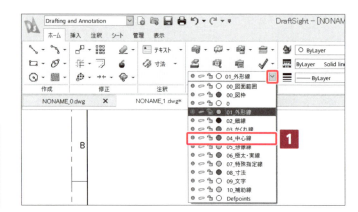

■ 十字の中心線を作図する

作図見本に色付きで示したように、円に十字の中心線を作図します。

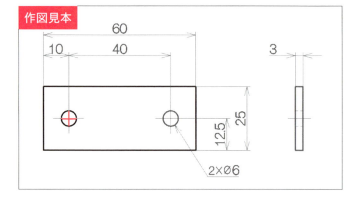

1 図のように画面を拡大する。

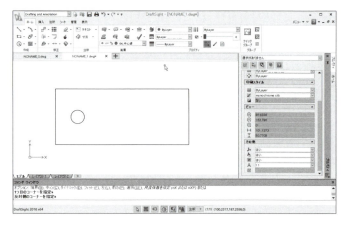

2 ［ホーム］タブ ―［作成］パネル ―［線分］をクリックする（あるいは「LINE」または「L」と入力して Enter キーを押す）。

コマンドウィンドウに「始点を指定」と表示されます。

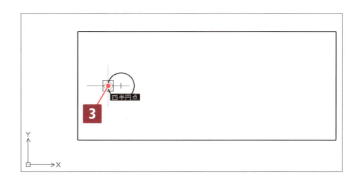

3 円の左側の四半円点（ポインタを合わせると［四半円点］のマーカーが表示される位置）をクリックする。

コマンドウィンドウに「次の点を指定」と表示されます。

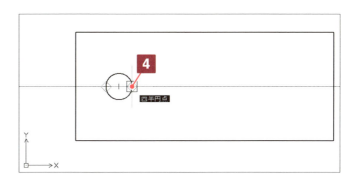

4 円の右側の四半円点をクリックする。

クリックすると1本目の線分が作図され、さらに「次の点を指定」として2本目がポインタについて動いている状態ですが、2本目は作図しません。

5 [Enter]キーまたは[Esc]キーを押して［線分］コマンドを終了する。

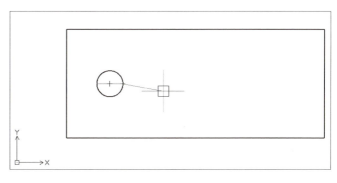

これで中心線にするための横の線分は
完成です。

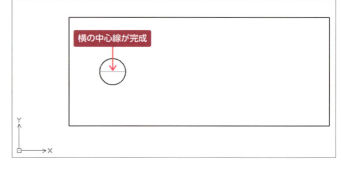

6 手順2〜5にならって、円の上下
の四半円点をつないだ線分を作成
する。

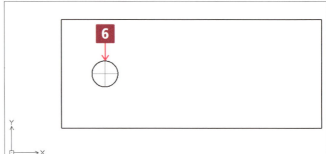

 直前のコマンドを繰り返す場合、
［線分］コマンドアイコンをクリック
したり、エイリアス「L」を入力し
てコマンドを実行する代わりに
［Enter］キーを押して直前コマンド
を実行する機能を使うと便利です。

Column 中心線の線種

中心線に使う線種は第1章に記載した通り、「細い一点鎖線」にしますが、短い中心線の場合は「細い実線」でか
きます（P.18の線種の表の「B7」）。
「短い」がどのくらいの長さをいうのか、厳密な定義はされていませんが、CADの場合、画層で設定されている
線種が一点鎖線であっても短いと自動的に実線になるので、それにまかせて問題ありません。
この実習でも、中心線として作図した線分を中心線用に設定した［04_中心線］の画層に変更しても一点鎖線に
はなりません。見た目は［02_細線］と同じですが、［02_細線］の画層に設定している線種は［実線］なので、
長さを伸ばしても実線のままです。［04_中心線］の画層に設定している線種は、線分の長さを延長すると、あ
る程度長くなったところで一点鎖線に変わります。

■ 十字の中心線を伸ばす

作図見本に色付きで示したように、十
字の中心線を伸ばします。

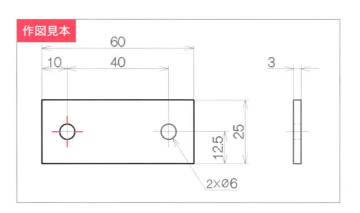

1 [ホーム]タブ -[修正]パネル -[長さ変更]をクリックする(あるいは「EDITLENGTH」または「LEN」と入力して Enter キーを押す)。

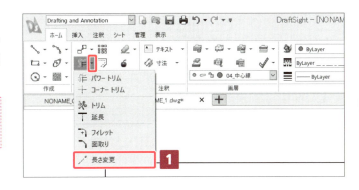

> **HINT** [長さ変更]は、[パワートリム]アイコン右の[▼]をクリックすると表示されます。

コマンドウィンドウに「長さエンティティを指定」と表示されますが、ここではエンティティの指定はせずにオプションを使います。

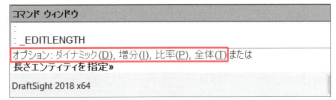

> **HINT** [長さ変更]コマンドには4つのオプションがあります。
> - **ダイナミック**(D):クリックで長さを指定
> - **増分**(I):プラスマイナスの増分値を指定
> - **比率**(P):現在値を100としたパーセントで指定
> - **全体**(T):長さ変更後の値を指定
>
> 中心線は、中心線が必要な形状からはみ出すようにかきます。はみ出す長さは一般に3～5としますが、対象物の大きさや尺度、図面サイズによって、見やすいように変えます。

2 [増分(I)]オプションを使うので「I」と入力し、Enter キーを押す。

3 コマンドウィンドウに「増分を指定」と表示されるので、「3」と入力して Enter キーを押す。

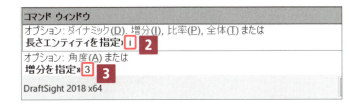

4 コマンドウィンドウに「エンティティを指定」と表示されるので、中心線の交点より上をクリックする。

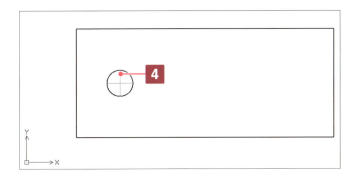

3-1 プレートの作図

クリックした側が増減します。ここでは「3」と入力したので、3長くなります。

> **HINT** 増分としてマイナスの値を入力すると、長さは短くなります。

[長さ変更]コマンドは終了するまでエンティティの選択が可能です。

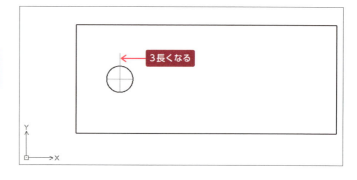

5 続けて、中心線の交点より下側および左側と右側もクリックして伸ばす。

6 [Enter]キーまたは[Esc]キーを押して[長さ変更]コマンドを終了する。

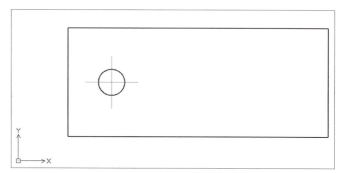

■ 穴と十字の中心線を右側にコピーする

プレートの穴（円）と十字の中心線を右側（作図見本の色付きで示した位置）にコピーします。

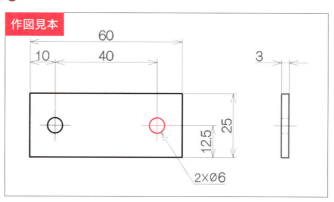

1 [ホーム]タブ －[修正]パネル －[コピー]をクリックする（あるいは「COPY」または「CO」と入力して[Enter]キーを押す）。

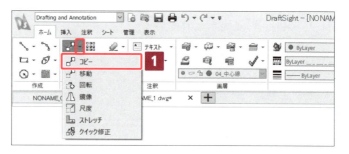

コマンドウィンドウに「エンティティを指定」と表示されます。ここでは円と十字の中心線をまとめて選択します。

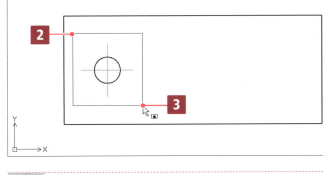

2 図に示したあたり（円と十字の中心線の左上）をクリックする。

3 図に示したあたり（円と十字の中心線の右下）をクリックする。

コマンドウィンドウに「3個検出」と「エンティティを指定」と表示されます。

4 Enter キーを押して選択を確定する。

> **HINT** P.77の手順（コピーしたいエンティティを選択してから［コピー］コマンドを実行）で行うと、この手順4のひと手間がないので時間短縮になります。

> **HINT** ここでは「ウィンドウ選択」を使って、囲んだ枠に完全に含まれるエンティティを一度にまとめて選択しています。またDraftSightでは、エンティティを1つずつ順にクリックすることでも、複数のエンティティを選択できます（詳しくはP.68「2-8 エンティティの選択と選択解除」を参照）。

5 コマンドウィンドウに「始点を指定」と表示されるので、任意の位置をクリックする。

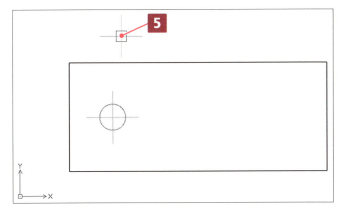

> **HINT** このとき図のように、エンティティが混み合っていないあたりをクリックすると次の操作がしやすいです。

コマンドウィンドウに「2つ目の点を指定」と表示されます。

6 ポインタをまっすぐ右方向に移動し、水平のガイドが表示されることを確認する。

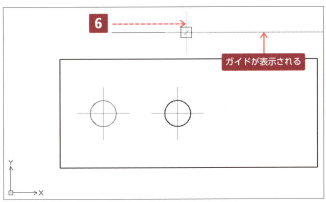

ガイドが表示される

> **注意** 作図ツールの［円形状］がオンになっていないと、図のようなガイドは表示されません。

7 コピーする距離を「40」と入力して Enter キーを押す。

図は Enter キーを押した後の状態です。コマンドウィンドウで「40」の数値は上の行に移り、さらに「2つ目の点を指定」と表示されます。

グラフィックス領域上では、次のコピーのプレビューが表示されます。プレビューは、まだ位置が確定されていないので、ポインタを動かすと一緒に動いてついてきます。

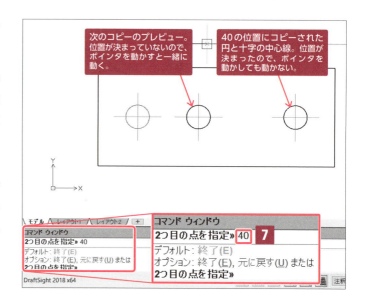

これ以上のコピーは必要がないので、[コピー] コマンドを終了します。

8 Esc キーを押して [コピー] コマンドを終了する。

これで正面図は完成です。

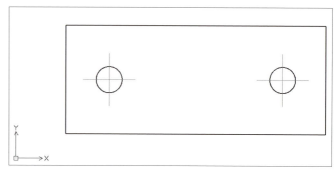

 上の手順6でも [円形状] を使っています。[円形状] を使わずに「@40,0」と相対座標を入力しても、2つ目の点を指定することができます。
相対座標入力を使うときは、ポインタから出ているガイドの方向はどちらを向いていても関係ありません。

 ここまでの手順を終えた状態の図面ファイルが、教材データに「3-1-4.dwg」として収録されています。

3-1-4　側面図の作図

プレートの側面図を作図します。まず画層を切り替えて、四角形を作図しましょう。

■ 画層を切り替える

側面図の外形をかくための画層に切り替えます。

1 練習用ファイル「3-1-4.dwg」を開く（または 3-1-2 で作成した図面ファイルを引き続き使用）。

2 [ホーム]タブ － [画層]パネルで、画層のプルダウンリストから [01_外形線] を選択する。

■ **四角形を作図する**

作図見本の色付きで示した位置に、四角形を作図します。

P.23で述べた通り、各投影図は基本的に位置をそろえてかく決まりになっています。ここでも正面図と側面図の上下方向の位置をそろえてかきます。

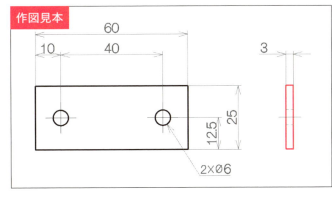

1. 図のように画面を縮小し、右に余白ができるように調整する。

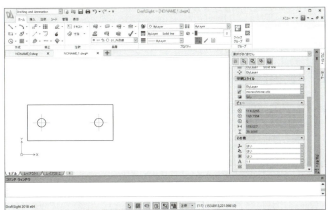

2. ［ホーム］タブ ― ［作成］パネル ― ［四角形］をクリックする（あるいは「RECTANGLE」または「REC」と入力して Enter キーを押す）。

コマンドウィンドウに「始点コーナーを指定」と表示されます。

HINT ［四角形］は、［ポリライン］アイコン右の［▼］をクリックすると表示されます。

3. 正面図の四角形の右下角、［終点］マーカーが表示されるところにポインタを合わせる（クリックはしない）。

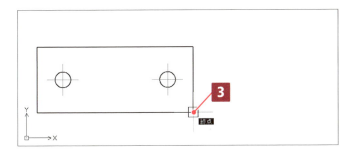

4 ポインタをゆっくり右水平方向に移動する。

ポインタに合わせて水平のガイド（点線）が表示されます。

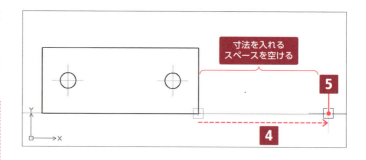

> **HINT** ガイドが表示されない場合は四角形の右下の角にポインタを戻して、もう一度ゆっくり右方向にポインタを移動してください。

5 四角形の始点として、図に示したあたりをクリックする。

> **HINT** 正面図との距離は任意ですが、間に寸法が記入できるスペースを空けます。

コマンドウィンドウに「反対側のコーナーを指定」と表示されるので、四角形の大きさを指定します。

6 「@3,25」と入力して Enter キーを押す。

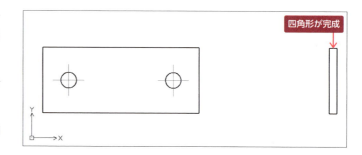

横3×縦25の四角形が作図され、[四角形]コマンドが自動的に終了します。

> **HINT** ここでも[Eトラック]を使っています。[Eトラック]を使わない場合、図の色付きの線分のような補助線を作図して代用が可能です。水平線分をかいて、その右終点から長方形をかくことで、下辺をそろえることができます。

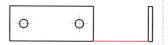

■ 穴のかくれ線部分を作図する

作図見本の色付きで示した位置に、線分を作図します。

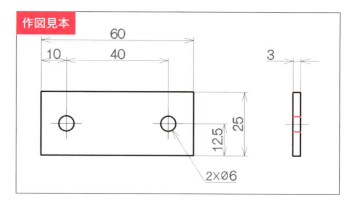

1 [ホーム]タブ ― [作成]パネル ― [線分]をクリックする（あるいは「LINE」または「L」と入力して Enter キーを押す）。

2　正面図の穴の上の四半円点にポインタを合わせる（クリックはしない）。

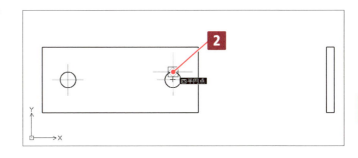

3　ポインタを水平に右に移動し、水平のガイドが表示されたことを確認する。

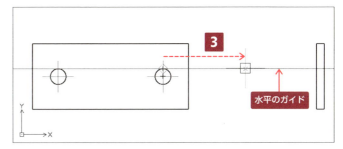

4　ポインタをそのまま側面図の四角形の左縦線に近づけると、線上に［交点］のマーカーが表示されるので、クリックする。

ここでクリックした位置が始点として認識されます。

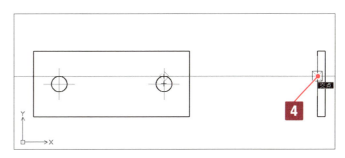

 HINT　DraftSight 2017の場合は、手順4の代わりに次の手順を実行します。

❶ 側面図の四角形の左上の頂点にポインタを合わせる（クリックはしない）。

一度水平のガイドが表示されれば位置が記憶されるので、ポインタは水平からずらしてもかまいません。

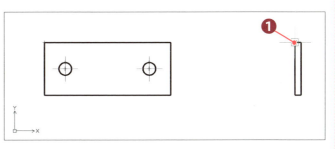

❷ ポインタを垂直に下に移動し、垂直のガイドが表示されたことを確認する。
❸ そのまま下方向にポインタを移動し、水平のガイドと垂直のガイドの両方が表示された位置をクリックする。

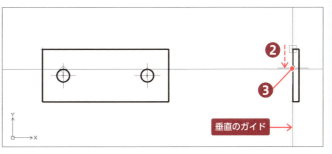

5 ポインタを右方向に水平に動かす。

6 四角形の右の縦線にポインタを合わせ（クリックはしない）、[垂直]のマーカーが表示された位置をクリックする。

> **HINT** [垂直]でなく[交点]と表示される場合もあります。

7 [Enter]キーまたは[Esc]キーを押して[線分]コマンドを終了する。

かくれ線にするための1本目の線分が作図されます。

8 再び[Enter]キーを押し、[線分]コマンドに入る。

9 手順2〜7にならって、正面図の下の四半円点の延長上にも線分をかく。

これで、かくれ線にするための2本目の線分も作図されました。

■ 中心線を作図する

作図見本に色付きで示したように、中心線を作図します。

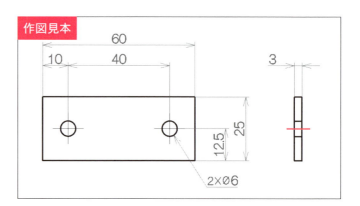

1. Enterキーを押して再び[線分]コマンドに入る。
2. 四角形の左の縦の中点にポインタを合わせる（クリックはしない）。

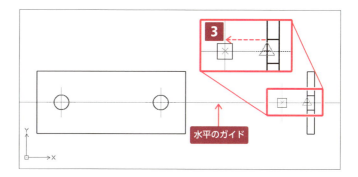

3. ポインタを左水平方向に移動する。
4. ガイドが表示されるので、「3」と入力してEnterキーを押す。

手順2～4の操作で、縦の中点から左に3の位置を線分の始点として指定することができます。

次の点は、始点から右に9の位置を指定します。

5. ポインタを右水平方向に移動する。
6. ガイドが表示されるので、「9」と入力してEnterキーを押す。

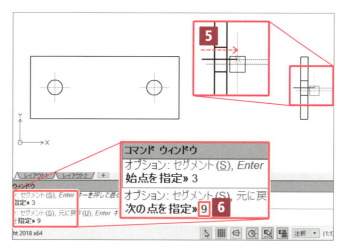

> **HINT** ここまでの「HINT」で、[Eトラック]や[円形状]のオプションを使う代わりに、補助線として線分をかく方法を紹介してきましたが、ここでは、中点から左に3の長さの線分をかいて補助線にすると、後から補助線が削除しにくくなります。このように同一線上に同画層の線が重なると、その後の変更や修正にかかる手間が増え、ミスの原因になるので避けます。

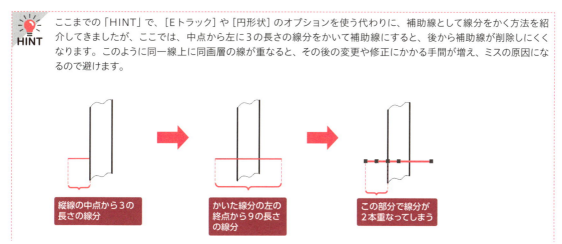

このような場合に補助線をかくのであれば、線分ではなく円を使うと後から削除しやすいです。ただし、[Eトラック] や [円形状] のオプションに慣れると補助線の作図と削除の手間が大幅に省けるので、難しいと思っても [Eトラック] や [円形状] の使い方を練習しておきましょう。

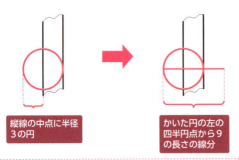

7 Enterキーまたは Esc キーを押して [線分] コマンドを終了する。

中心線にする線分が作図されます。

手順1〜7で作図した線分の画層を変更します。

8 線分をクリックして選択する。

9 [ホーム] タブ ―[画層] パネルで、画層のプルダウンリストから [04_中心線] を選択する。

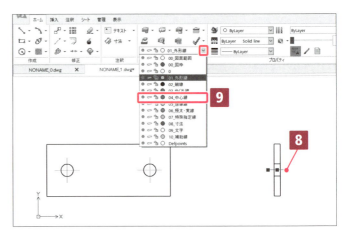

10 Esc キーを押して線分を選択解除する。

線分の画層が [04_中心線] に変わったことにより、線分が赤い細線に変わります。

穴を表す上下の線分の画層を変更します。

11 上下の線分を順にクリックして選択する。

12 [ホーム]タブ－[画層]パネルで、画層のプルダウンリストから[03_かくれ線]を選択する。

13 Esc キーを押して線分を選択解除する。

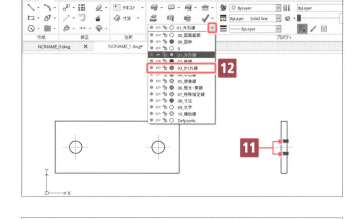

線分の画層が[03_かくれ線]に変わったことにより、線分がピンク色の細線（鎖線）に変わります。

これで側面図は完成です。

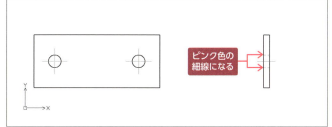

 ここまでの手順を終えた状態の図面ファイルが、教材データに「3-1-5.dwg」として収録されています。

Column　投影図の省略について

P.24で述べた通り、投影図は必要がなければ6面すべて使うことはしません。
この節で作図するプレートの図は正面で全体の幅と高さがわかり、側面図で奥行き（厚み）がわかるので、平面図など、その他の投影図は省きます。
また、側面図は奥行きの寸法を入れるために作図しましたが、このプレートのように1枚の板の場合は正面図に板の厚みを表す表記をすることで側面図を省くこともできます（3-4 の例）。

3-1-5　寸法の記入

プレートの正面図と側面図を作図できたので、最後に寸法をかくための画層に切り替え、寸法を記入していきます。

■ 画層を切り替える

寸法をかくための画層に切り替えます。

1 練習用ファイル「3-1-5.dwg」を開く（または 3-1-2 で作成した図面ファイルを引き続き使用）。

2 [ホーム]タブ－[画層]パネルで、画層のプルダウンリストから[08_寸法]を選択する。

■ 長さ寸法を記入する

作図見本に色付きで示したように、長さ寸法を記入します。

長さ寸法は、水平または垂直な直線に寸法を付けるためのものです（回転させることもできますが、それは3-5で説明します）。

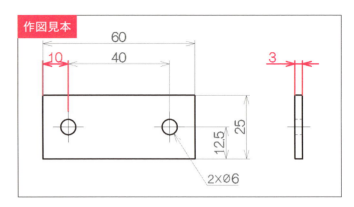
作図見本

1 ［注釈］タブ ー ［寸法］パネル ー ［長さ］をクリックして長さ寸法コマンドを実行する（あるいは「LINEARDIMENSION」または「DLI」と入力してEnterキーを押す）。

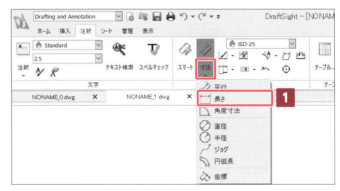

HINT ［長さ］は、［寸法］アイコン下の［▼］をクリックすると表示されます。

［注釈尺度を選択］ダイアログボックスが表示されます。

2 注釈尺度として［1:1］を選択する。

3 ［OK］ボタンをクリックする。

Column　注釈尺度について

注釈尺度は図面の尺度に合わせます（図面の尺度については、P.16「1-2-3　図面の尺度」を参照）。尺度1:1でかく図面では、注釈尺度も1:1、尺度1:5でかく図面は注釈尺度も1:5にします。

尺度が1:5の図面は、図枠を5倍にした中に対象物を現尺で作図し、印刷時に1/5に縮小印刷して1:5の図面を作ります。縮小印刷するので印刷したときの寸法文字高さを3.5にしたければ、作図は5倍の17.5の文字高さにする必要があります。これをコントロールするのが注釈尺度の設定です。

注釈尺度を1:5にすれば、寸法、引出線などの注釈は5倍の大きさで記入されます。図の上の寸法は注釈尺度1:1、下の寸法は注釈尺度1:5にして記入したものです。

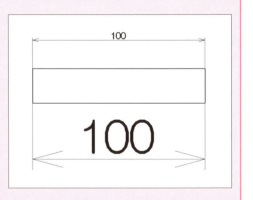

基本的に注釈尺度の設定は寸法を記入する前に行います。しかし、すでに記入済みの注釈尺度を変更するには、変更したい寸法を選択した状態でプロパティパレットから行います。

手順1で表示されたダイアログボックスで［OK］ボタンをクリックすると、次から寸法記入時にダイアログボックスは表示されません。［OK］をした注釈尺度は設定変更するまで有効です。注釈尺度の設定変更は、［Eトラック］ボタンの右にある［注釈▼］から行います。

4　コマンドウィンドウに「1本目の補助線を指定」と表示されるので、側面図の右上の頂点をクリックする。

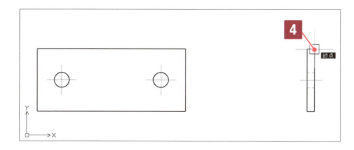

5　コマンドウィンドウに「2本目の補助線を指定」と表示されるので、側面図の左上の頂点をクリックする。

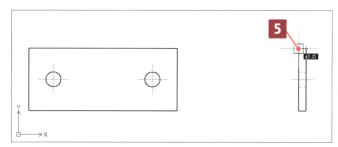

コマンドウィンドウに「寸法線の位置を指定」と表示され、ポインタを動かすと寸法線の位置（高さ）も動きます。

6　寸法線を配置したい位置（高さ）をクリックする。

「3」の寸法が記入され、長さ寸法コマンドが自動的に終了します。

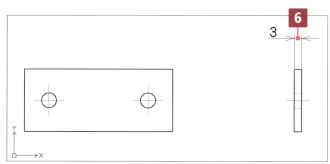

Column　寸法線の位置

部品から1つ目の寸法線までの間隔は、文字の高さで換算すると、寸法数値が3つ分、寸法線どうしの間隔は寸法数値2つ分が見映えがよいとされています。文字の高さが4なら部品から最初の寸法線までは12、寸法線どうしの間隔が8程度です。込み入った図面などで、「寸法線の間隔を少し詰めればA4サイズの用紙に入りきる」という場合もあります。「寸法線間隔を守るためだけに用紙サイズをA3に変更する」ということまではしなくてよいので、「寸法数値の高さ3つ分、2つ分」を優先しすぎず「目安」程度に考えてください。

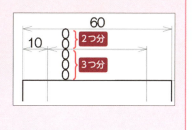

Column 狭い範囲の寸法

手順 1〜6 で配置した「3」の寸法のように間隔が狭い範囲の寸法数値は、寸法補助線と補助線の間ではなく外側に配置されます。数値が配置されるのは、2本目に指定した補助線側となります。右側を後からクリックすると、上図のようになります。

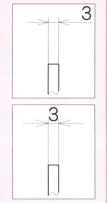

また、配置後に寸法を選択してグリップを移動することで、下図のように寸法線の中央に配置し直すこともできます。
寸法数値を外側に配置するとき、矢印と寸法数値の間は DraftSight の性質上ある程度の距離がとられます。矢印ギリギリに寸法数値を近づける場合には、文字のプロパティを変更し調整します(P.112の「Column」を参照)。

続けて、もう1つ長さ寸法を記入します。

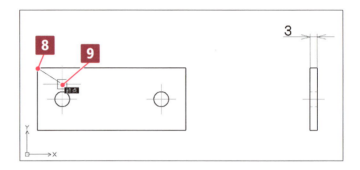

7. Enter キーを押して長さ寸法コマンドを繰り返す。

8. 「1本目の補助線」として、正面図の左上の頂点をクリックする。

9. 「2本目の補助線」として、正面図の、左の穴の縦の中心線の上の終点をクリックする。

Column 穴の中心ではなく、中心線の終点をクリックする理由

JIS の機械製図では線に優先順位が決められていて、中心線の優先順位は寸法補助線より上位です。
穴の中心をクリックすると、中心線と寸法補助線が重なります。線が重なってしまうと中心線の一点鎖線の隙間が寸法補助線に埋められて実線になり、寸法補助線が優先された状態になってしまいます(左図)。そこで、寸法補助線と中心線が重ならないように中心線の終点をクリックして、一点鎖線をそのまま残します(右図)。

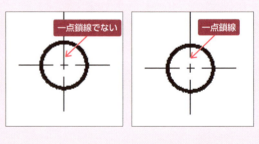

10. ポインタを上に動かし、寸法のプレビューが上に表示されたら、側面図の寸法矢印の終点をクリックする。

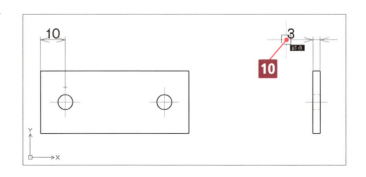

これにより、寸法を同じ高さにそろえることができます。

これで「10」の寸法が記入され、長さ寸法コマンドが自動的に終了します。

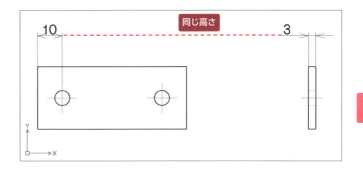

Column　寸法線を上下左右に配置できる場合

寸法は、寸法の起点（根本）2カ所を続けてクリックした後に配置したい位置を指定して記入します。
手順4～5の操作では、寸法の起点2カ所が水平の位置だったので寸法は上下のどちらかにしか出ませんが、手順8～9では起点が斜めになっています。この場合、寸法は次の図のように上下左右に配置が可能です。

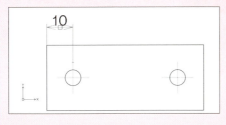
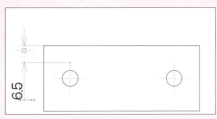
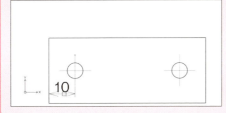
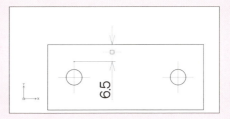

■ 継続寸法を記入する

作図見本に色付きで示したように、継続寸法を記入します。

継続寸法は、直前に記入した「10」の寸法にそろえて記入する方法です。「40」はここまで使った「長さ寸法」を使って記入することもできますが、継続寸法を使うことで、より簡単に少ない手順で直線状にそろえて配置ができます。

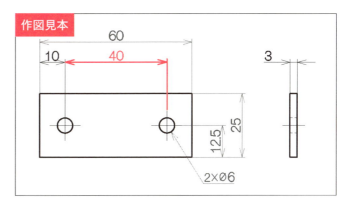

1 [注釈]タブ－[寸法]パネル－[継続]（DraftSight 2017 では[直列]）をクリックして継続寸法コマンドを実行する。

直前の寸法から続く形で、寸法のプレビューが表示されます。

直前に記入した寸法に基づいて、1本目の補助線は自動的に指定されているため、「2本目の補助線」だけを指定します。

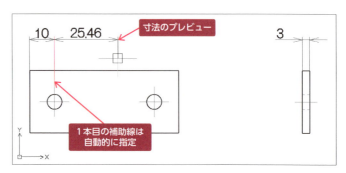

2 正面図の、右の穴の縦の中心線の上の終点をクリックする。

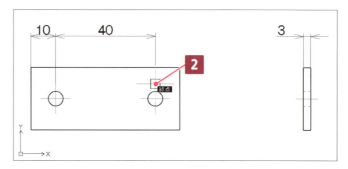

「40」の寸法が記入された後、さらに次の継続プレビューが表示されますが、これ以上の継続寸法は必要ないので、コマンドを終了します。

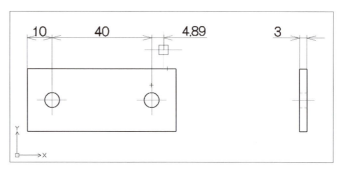

3 Esc キーを押して継続寸法コマンドを終了する。

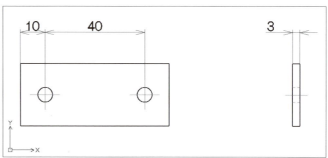

 継続寸法は、直前に記入した寸法の2本目の補助線から続く形で記入されます。直前以外の寸法から継続させたいときは、手順1の寸法のプレビュー段階で Enter キーを押して、基準になる寸法を指定し直すことができます。

■ 並列寸法を記入する

作図見本に色付きで示したように、並列寸法を記入します。

並列寸法は、直前に記入した寸法に並列な寸法を記入できる方法です。

「60」の寸法は「長さ寸法」を使っても記入できますが、「並列寸法」を使うことで、寸法線どうしの間隔を簡単にテンプレートでの指定通りの間隔にそろえられます。

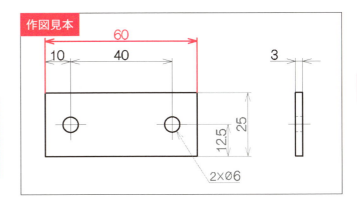

1 ［注釈］タブ ―［寸法］パネル ―［並列］をクリックして並列寸法コマンドを実行する。

［並列］は、［継続］寸法アイコン右の［▼］をクリックすると表示されます。

並列寸法を記入する場合、直前に記入した寸法に基づいて、1本目の補助線は自動的に指定されているため、通常は「2本目の補助線」だけを指定します。

しかし、ここでは並列寸法が間違った位置から出ているので、正しい位置に直します。

並列寸法が正しい位置から出ている場合は、手順1の後、手順4に進んでください。

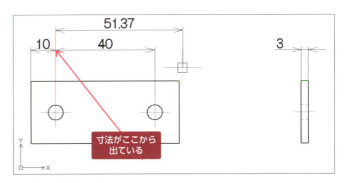

2 Enter キーを押してデフォルトのオプション［ベース寸法（B）］を選択する。

コマンドウィンドウに「ベース寸法を指定」と表示されます。

3 ベース寸法（1本目の補助線）として、左の寸法補助線をクリックする。

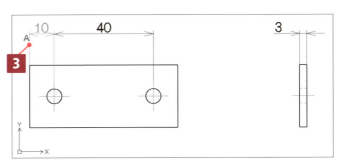

クリックした位置からの並列寸法がプレビューで確認できます。

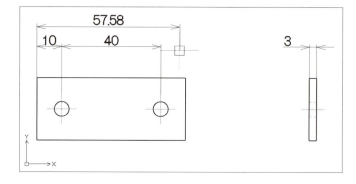

4 「2本目の補助線」として、四角形の右角にスナップさせてクリックする。

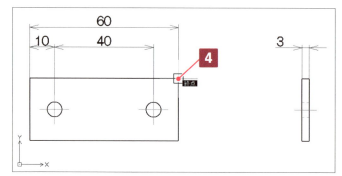

「60」の寸法の上にさらに並列寸法のプレビューが表示されますが、これ以上は不要なのでコマンドを終了します。

5 Esc キーを押して並列寸法コマンドを終了する。

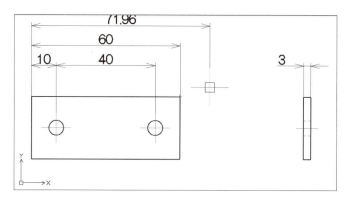

これで並列寸法の記入は完了です。

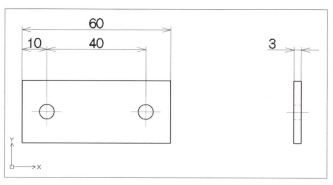

■ 縦方向の寸法を記入する

続けて、作図見本に色付きで示したように縦方向の寸法を記入します。

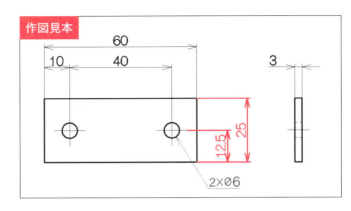

まずP.100の手順1～6にならって「12.5」の長さ寸法を記入します。

1. ［注釈］タブ －［寸法］パネル －［長さ］をクリックして長さ寸法コマンドを実行する（あるいは「LINEARDIMENSION」または「DLI」と入力してEnterキーを押す）。

2. 「1本目の補助線」として、正面図の右下の頂点をクリックする。

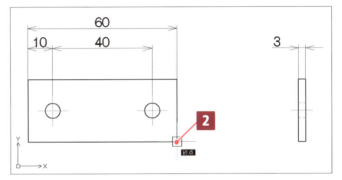

3. 「2本目の補助線」として、十字の中心線の右側終点をクリックする。

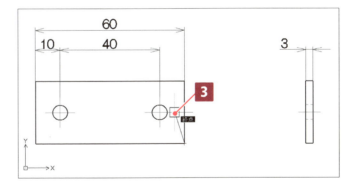

4. 寸法線の配置位置をクリックする。

「12.5」の寸法が記入され、長さ寸法コマンドが自動的に終了します。

続けて、P.105手順1～5にならって並列寸法で「25」の寸法を記入します。

5. ［注釈］タブ －［寸法］パネル －［並列］をクリックして並列寸法コマンドを実行する。

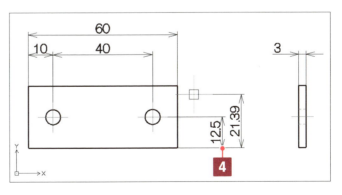

並列寸法が正しいところから出ていることを確認して、2本目の補助線を指定します。

6 四角形の右上頂点をクリックする。

「25」の寸法が配置されます。

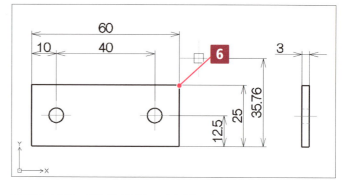

7 Escキーを押して並列寸法コマンドを終了する。

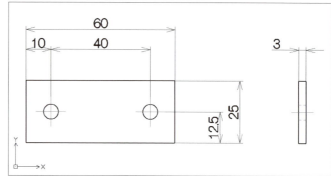

■ 直径寸法を記入する

続けて、作図見本に色付きで示したように直径寸法を記入します。

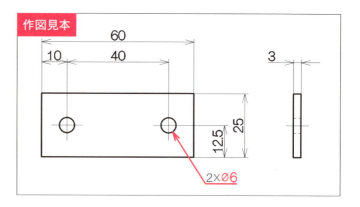

1 [注釈]タブ ―[寸法]パネル ―[直径]をクリックして直径寸法コマンドを実行する(または「DIAMETERDIMENSION」と入力してEnterキーを押す)。

HINT [直径]は、[寸法]アイコン下の[▼]をクリックすると表示されます。

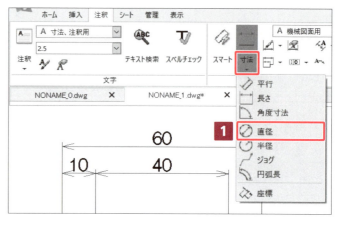

2 コマンドウィンドウに「カーブエンティティを指定」と表示されるので、右の円の右下あたりをクリックする。

直径と半径の寸法では、円周上をクリックして指定します。

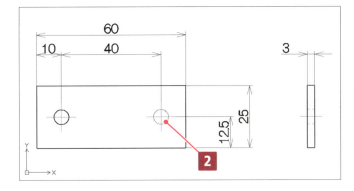

「φ6」という寸法が表示されます（位置はまだ確定していません）。

DraftSightでは、デフォルトで円を両側から矢印で挟むスタイルで直径寸法が記入されますが、本書で使うテンプレートではスタイルを変更しています。機械製図の決まりに「両矢印の直径寸法には"φ"を付けない」があるため、規格に合わせるために片側矢印のスタイルにしています。

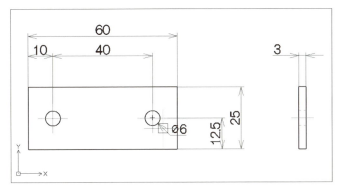

3 寸法を配置したい位置をクリックする。

「φ6」の寸法が記入され、長さ寸法コマンドが自動的に終了します。

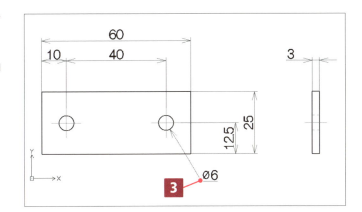

■ 直径寸法に文字を追加する

作図見本に色付きで示したように、直径寸法に文字「2×」を追加します。「2×」は、直径寸法が2カ所あることを表しています（P.110の「Column」を参照）。

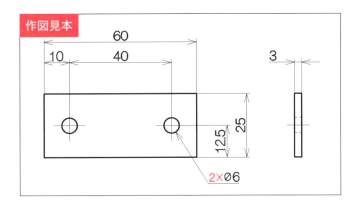

1 文字を追加したい寸法をクリックする。

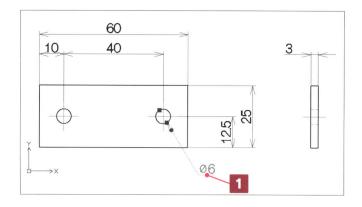

2 プロパティパレットを下にスクロールして、[文字]項目の [文字上書き]欄をクリックする。

> **HINT** 各欄の左のアイコンにポインタを合わせると、欄の名前が表示されます。

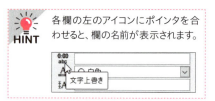

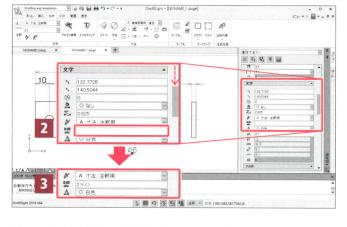

3 「2×< >」と入力して Enter キーを押す。

寸法の表示が「2×φ6」に変わります。

4 Esc キーを押してエンティティを選択解除する。

5 図面ファイルに名前を付けて保存する。

> **HINT** ここまでの手順を終えた状態の図面ファイルが、教材データに「3-1-5_完成.dwg」として収録されています。

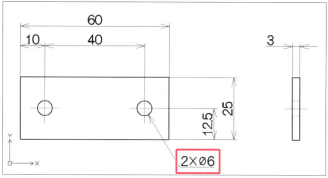

Column 「2×φ6」の意味

寸法などで複数同じ大きさや長さのものがあるときにはまとめて指示をします。「2×」は「その後ろで示す数値(今回の場合は直径6)が2カ所です」という意味を表します。この図で円が2つありますが、2つの円の直径が6ということです。

JISの機械製図の規定では「×」を使うことになっていますが、自動車業界などでは「×」の代わりに「-」を使って「2-φ6」と、独自のルールで表記するところもあります。「×」は全角記号なので、海外と頻繁にやりとりする場合に先方のパソコンで図面を開くと文字化けを起こす可能性があるからです。

ここに [文字上書き]欄に記入した「< >」は、計測値をそのまま使うことを意味します。円の大きさは直径6なので、そのまま「6」を使うという意味です。

「2×φ6」と入力しても結果は同じ表示になりますが、「< >」と入れてあれば、円の大きさを変更するとそれに合わせて数値も自動的に変更されます。

Column 寸法補助記号について

ここで出てきた「φ」のように、寸法の前に付けてその寸法に補助的な意味を持たせる記号を「寸法補助記号」といいます。寸法補助記号には、次に示すものがあります。

記号	意味	呼び方
φ	180°を超える円弧の直径または円の直径	「まる」または「ふぁい」
Sφ	180°を超える球の円弧の直径または球の直径	「えすまる」または「えすふぁい」
□	正方形の辺	「かく」
R	半径	「あーる」
CR	コントロール半径	「しーあーる」
SR	球半径	「えすあーる」
⌒	円弧の長さ	「えんこ」
C	45°の面取り	「しー」
t	厚さ	「てぃー」
⌴	ざぐり 深ざぐり	「ざぐり」 「ふかざぐり」 注記：ざぐりは、黒皮を少し削り取るものも含む。
∨	皿ざぐり	「さらざぐり」
▽	穴深さ	「あなふかさ」

Column 円の寸法に付く寸法補助記号について

円に記入されている寸法を見ると、数値の前に「R」や「φ」などの記号が付いていることがあります。「R10」は半径が10ということを表し、「あーる10」と読みます。「φ10」は直径が10であることを表し、「まる10」と読みます。直径記号は〇に／を付けた記号で、ギリシャ記号のφ（ファイ）とは異なるので、DraftSightなどのCADでは「%%C」と入力すると表示されるように登録されています。もともと文字ではないため、CAD以外で表示させることができず、CAD以外ではφ（ファイ）で代用することが多いようです。

■円および円弧の寸法に補助記号を付ける場合、付けない場合

JISの機械製図では、円の寸法に直径記号を付ける場合と付けない場合について以下のように定められています。これは機械製図をするうえで重要な部分であり、CAD利用技術者の試験にもたびたび登場します。

a) 対象とする部分の断面が円形であるとき、その形を図に表さないで円形であることを示す場合は直径記号を付ける（例：左図の「φ30」の寸法）。
b) 円形の直径の寸法を記入する場合、寸法線の両端に端末記号が付く場合は直径記号を付けない（例：右図の「26」「18」「30」の寸法）。
c) 円形の一部を欠いた図形で寸法線の端末記号が片側の場合は、半径寸法と誤解しないようにするため直径記号を付ける（例：右図の「φ25」の寸法）。

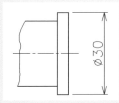
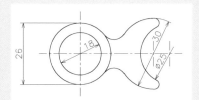

d) 引出線を用いて記入する場合には直径記号を記入する (例:左図の2つの「φ10」の寸法)。
　ただし、明らかに円形になる加工方法が併記されている場合、直径記号は記入しない (例:右図の2つの「10キリ」の寸法)。
　※「キリ」というのは「キリもみ」のことで、ドリル加工穴のことです。穴は円形になります。

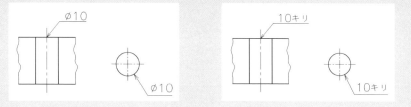

Column　寸法の調整や編集について

配置した寸法をクリックすると、次の図のようになります。選択時に表示されるグリップをクリックして、移動などの編集を行うことができます。

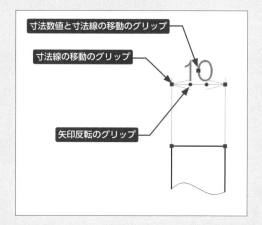

P.110の手順2〜3で行ったように、プロパティパレットを使ってもさまざまな編集を行えます。

[その他] の項目では、寸法スタイルなどを変更することができます。通常1つの図面ではスタイルを統一するため、テンプレートで指定されているスタイルをそのまま使います。したがって、ここで変更することはまずありません。

[線分&矢印] の項目では、矢印の形状やサイズ、矢印、寸法補助線、寸法線のオン/オフなどの編集が行えます。形状やサイズはスタイルで設定した通りのものを使うので、ここで行う編集としては各要素のオン/オフくらいです。

[文字] の項目では、寸法数値についての編集が行えます。ここでもサイズや文字スタイルを変更することはまずありません。プレートの直径寸法を記入した際、文字を追加したように、文字の編集に使うことがほとんどです。

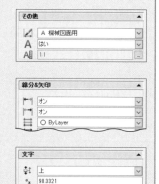

［フィット］の項目では、 ［文字移動］欄を使って文字の移動タイプの変更が行えます。

　A 寸法線をテキストと組み合わせる：通常の移動
　B 文字移動、引出線追加：引出線を付けた移動
　C 文字移動、引出線なし：引出線のない移動

の3種が選べます。通常は**A**になっています。**B**、**C**は、移動タイプを変更した後、グリップによる移動を行います。**A**の「通常の移動」では矢印ギリギリに寸法数値を配置することはできませんが、**C**にすることで寸法数値を任意の位置に置くことができます。

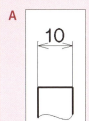 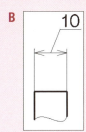 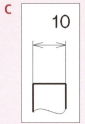

［許容差］の項目では、サイズ公差（P.135参照）の表示や編集が行えます。次節「**3-2　キューブの作図**」で実際にサイズ公差の記入を行います。

3-1-6　図面のPDF書き出しと印刷

　印刷には、シートタブで印刷内容を整えて印刷する方法と、モデルタブで図の印刷範囲を指定して印刷する方法があります。ここでは、モデルタブの図を印刷機能でPDFファイルに書き出す方法を紹介します。
　印刷は画層ごとに印刷する、しないの設定を行うことができます。

■ 画層を確認する

画層は、画層マネージャーで確認します。ここでは、3-1-5までの手順を終えた図面ファイルを開いて、画層を確認してみましょう。

1 ［ホーム］タブ ―［画層］パネル ―［画層マネージャー］をクリックする（あるいは「LAYER」または「LA」と入力して Enter キーを押す）。

2 ［画層マネージャー］ダイアログボックスが表示されるので、画層を確認する。

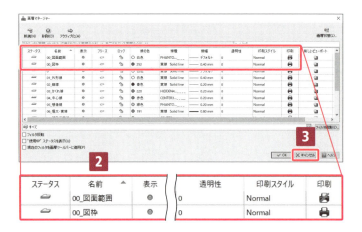

右端のほうの列に印刷の設定ボタンがあります。プリンタマークに赤いスラッシュが入っている画層は印刷されません。このテンプレートでは、［00_図面範囲］の画層は印刷しない設定になっています。

プリンタマークをクリックするごとに、印刷のオン／オフの切り替えができますが、ここでは確認だけして、ダイアログボックスを閉じます。

3 ［キャンセル］ボタンをクリックする。

 本書では説明しませんが、［画層マネージャー］ダイアログボックスでは画層の新規作成、削除や画層プロパティの設定（作図の際に自動で適用される線の色、種類、太さや、その画層を表示する／表示しない、などを画層ごとに設定）も行えます。

■ 図面をPDFファイルに書き出す

印刷機能を使って、図面をPDFファイルに書き出してみましょう。

1 ポインタをグラフィックス領域内に置き、マウスのホイールボタンをダブルクリックして図面全体ズームをする。

2 クイックアクセスツールバーから［印刷］ボタンをクリックする。

3 ［印刷 - モデル］ダイアログボックスが表示されるので、図のように設定する。

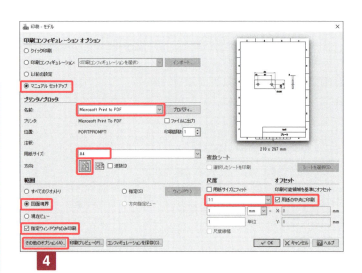

 ［プリンタ／プロッタ］の［名前］欄は、お使いのパソコンにインストールされているPDF作成ソフト／機能を選んでください。Windows 10の場合、「Microsoft Print to PDF」というPDF作成機能を標準で備えているので、それを選べばよいでしょう。
「PDF」や「PNG」など、形式のみ記載されているものを選ぶ場合、右の［プロパティ］ボタンをクリックして細かい設定をする必要があります。

4 左下の［その他のオプション...］ボタンをクリックする。

5　[その他の印刷オプション]ダイアログボックスが表示されるので、図のように設定する。

6　[OK]ボタンをクリックしてダイアログボックスを閉じる。

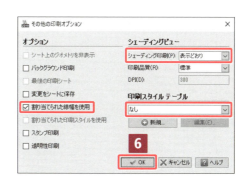

7　[印刷 - モデル]ダイアログボックスの[印刷プレビュー]ボタンをクリックする。

8　プレビューが表示されるので、確認する。

9　そのまま印刷する場合は、左上のプリンタマークをクリックし、印刷する。

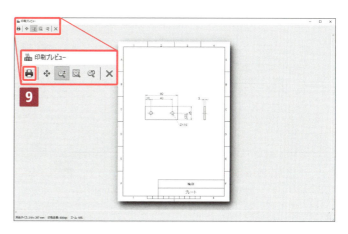

 印刷設定を変更したい場合などは、右側の[×]ボタンをクリックすると[印刷 - モデル]ダイアログボックスに戻ります。

[印刷結果を名前を付けて保存]ダイアログボックスが表示されます。

10　PDFを保存するフォルダを指定する。

11　ファイル名を指定する。

12　[保存]ボタンをクリックする。

 この図面に使ったテンプレートの[図面境界]はA4サイズに設定してあります。図面境界と用紙サイズが異なる場合、[印刷 - モデル]ダイアログボックスで[尺度]の[用紙サイズにフィット]にチェックを入れることで、用紙に合わせて印刷することができます。

Column　プリンタに出力する場合

手順3で、[プリンタ/プロッタ]の[名前]欄で、接続されている印刷可能なプリンタを選択します。
プリンタによって余白が大きく必要な機種もあります。その場合、A4の用紙でも1:1で印刷できない場合もあります。プリンタの説明書などでご確認ください。

■ **範囲を指定してPDFファイルを書き出す**

図面境界以外の範囲を印刷したい場合は、次の手順を実行します。

1 ［印刷 – モデル］ダイアログボックスで［範囲］項目の［指定］をクリックする。

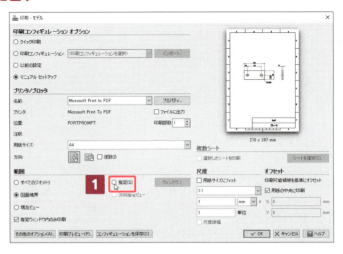

2 コマンドウィンドウに「1つ目のコーナーを指定」と表示されるので、印刷したい範囲のコーナーをクリックする。

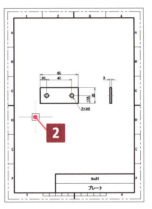

3 コマンドウィンドウに「2つ目のコーナーを指定」と表示されるので、対角のコーナーをクリックして指定する。

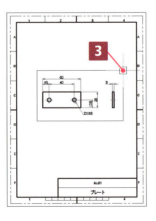

4 指定した範囲のみがプレビュー表示されるので、後はP.114の手順3〜12と同じ要領でPDFファイルに書き出す（印刷する）。

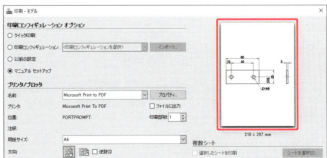

3-2 キューブの作図

📄 A4_kikai_1.dwt　📄 3-2-3.dwg　📄 3-2-4.dwg　📄 3-2-5.dwg　📄 3-2-6.dwg

キューブを作図しながら、オフセットやハッチングなどのCAD操作、サイズ公差や断面図などの製図知識を学びましょう。

3-2-1 この節で学ぶこと

この節では、次の図のようなキューブを作図しながら、以下の内容を学習します。

この図面は中身を見せるために「全断面図」というかき方を使っています。一般的に図面では、見えない部分の稜線を表すためにはかくれ線が使われます。しかし、かくれ線だらけのところに寸法を入れると見間違いが生じやすいため、寸法が必要な部分が内部にある場合、切り取ったと仮定した断面図をかきます。

CAD操作の学習

- Eスナップ上書きを使う
- オフセットを作図する
- トリムを行う
- 既存の円の大きさを変更する
- 寸法を記入する
  ・直径記号の付け方
  ・サイズ公差
- ハッチングを記入する

製図の学習

- 断面図の種類
- サイズ公差とは
- ハッチングの製図的な意味

完成図面

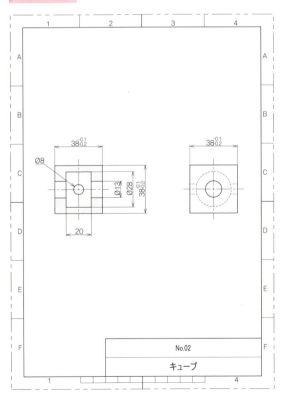

作図部品の形状

この節で学習するCADの機能

[オフセット] コマンド
(OFFSET／
エイリアス：O)

● 機能
エンティティを平行にコピーするコマンドです。コピー元が円や円弧の場合は、同心円のコピーを作成します。

● 基本的な使い方
1. [オフセット] コマンドを実行する。
2. オフセット距離を指定する。
3. オフセットのもととなるエンティティを指定する。
4. 目的の側を指定する。

[ハッチング] コマンド
(HATCH／
エイリアス：H)

● 機能
閉じられた範囲に斜線や格子状などの模様を入れるコマンドです。機械製図では、部品を切り取ったと想定した断面の部分に使われます。

● 基本的な使い方
1. [ハッチング] コマンドを実行する。
2. ダイアログボックスで尺度や角度、模様などを指定する。
3. ハッチングを記入する範囲を指定する。

[トリム] コマンド
(TRIM／
エイリアス：TR)

● 機能
既存の図形を指定したエンティティの位置まで短縮させるコマンドです。
短縮させたいエンティティを指定するときに Shift キーを押しながらクリックすることで、[延長] コマンド (5-1 参照) のように切り取りエッジまで延長することもできます。

● 基本的な使い方
1. [トリム] コマンドを実行する。
2. 切り取りエッジを指定する。
3. 削除するセグメントを指定する。

サイズ公差の記入と
直径記号の追加
(コマンドではありません)

● 基本的な使い方
通常通り寸法を入れた後に、プロパティパレットから追加記入します。

既存の円の大きさ変更
(コマンドではありません)

● 基本的な使い方
プロパティパレットの数値を変更して、大きさ変更を行います。

Column　断面図について

断面図には、次の種類があります。

- 対象物をすべて切断したと想定して表す「全断面図」
- 対象物の片側を切断して表す「片側断面図」
- 必要な部分だけを切断して表す「部分断面図」
- 切断した面を回転させて表す「回転図示断面図」

また、これらを複合的に組み合わせて断面図を表すこともあります。

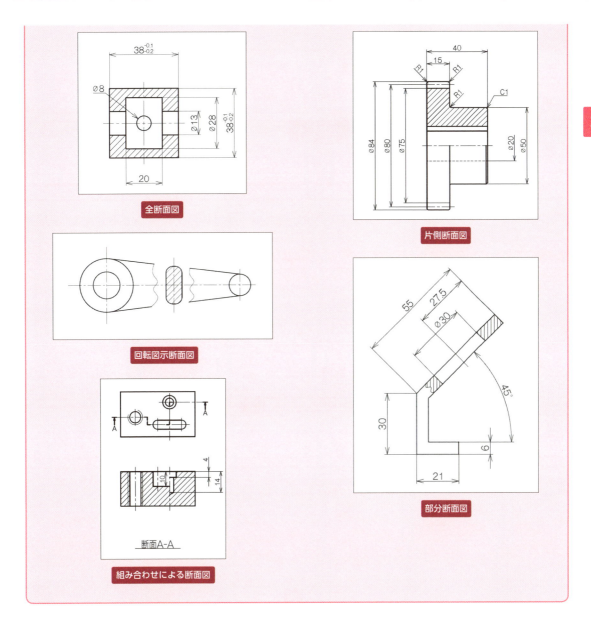

3-2-2 作図の準備

テンプレート「A4_kikai_1.dwt」をもとに図面ファイルを新規作成します。作図オプションなど、詳しくは「3-1-2　作図の準備」P.78〜81 にならってください。ただしここでは、図枠の右下に記入する課題番号を「No.02」、部品名を「キューブ」とします。

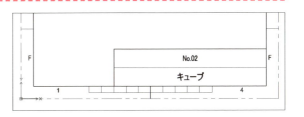

3-2-3 正面図の作図

キューブの正面図を作図します。まず外形、次に十字の中心線を作図しましょう。

■ 外形を作図する

作図見本に色付きで示したように、外形を作図します。

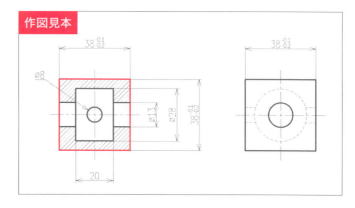
作図見本

1 練習用ファイル「3-2-3.dwg」を開く（または 3-2-2 で作成した図面ファイルを引き続き使用）。

2 ［ホーム］タブ ― ［作成］パネル ― ［四角形］をクリックする（あるいは「RECTANGLE」または「REC」と入力して Enter キーを押す）。

 [四角形] は、[ポリライン] アイコン右の [▼] をクリックすると表示されます。

3 コマンドウィンドウに「始点コーナーを指定」と表示されるので、任意の位置をクリックする。

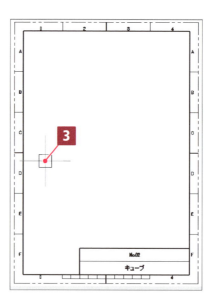

4 コマンドウィンドウに「反対側のコーナーを指定」と表示されるので、「@38,38」と入力して Enter キーを押す。

横38×縦38の四角形(外形)が作図され、[四角形]コマンドが自動的に終了します。

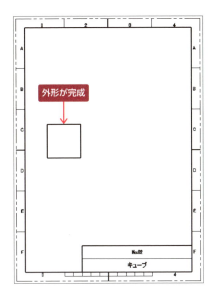
外形が完成

■ 十字の中心線を作図する

作図見本に色付きで示したように、十字の中心線を作図します。

まず横の中心線、次に縦の中心線を作図します。

作図見本

1. [ホーム]タブ ― [作成]パネル ― [線分]をクリックする(あるいは「LINE」または「L」と入力してEnterキーを押す)。

2. 始点として左の縦線の中点、「次の点」として右の縦線の中点をクリックして、線分でつなぐ。

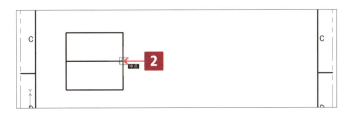

3. EnterキーまたはEscキーを押して[線分]コマンドを終了する。

4. Enterキーを押して[線分]コマンドを繰り返し、上の横線の中点と下の横線の中点を線分でつなぐ。

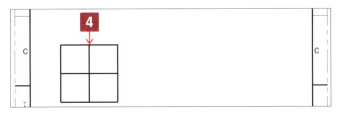

5. EnterキーまたはEscキーを押して[線分]コマンドを終了する。

■ 内側の四角形を作図する

作図見本に色付きで示したように、内側の四角形を作図します。

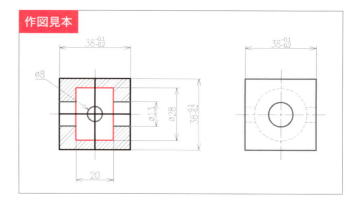

外側の四角形は最初にかく部分なので、位置を任意に決めましたが、内側の四角形は外側との相対関係が決まっています。

ここでは、中心から相対座標で「@-10,-14」の位置を、内側の四角形の左下の頂点として指定します。

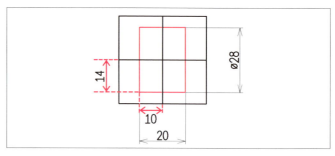

1 P.120の手順 **2** にならって[四角形]コマンドを実行する。

ここでは、[始点]というEスナップ上書きを利用して始点を指定します。

2 任意の位置を右クリックする。

3 ショートカットメニューから[Eスナップ上書き]-[始点]を選択する。

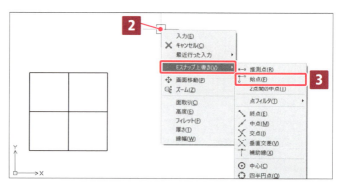

コマンドウィンドウの「始点コーナーを指定」の後ろに「_FROM」、下の行に「基点」と表示されます。

4 「基点」として、十字の中心線の交点をクリックする。

これは「次に入力する座標はここを基準とした座標」という指定です。

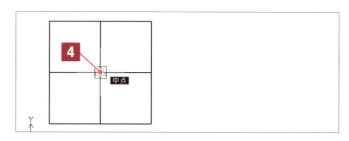

コマンドウィンドウに「基点（オフセット）」と表示されます。

5 中心からの相対座標として、「@-10,-14」と入力してEnterキーを押す。

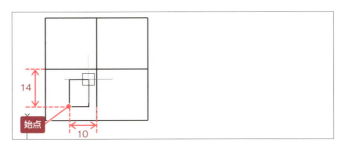

手順4でクリックした位置から、左に10、下に14の位置を四角形の始点として指定したことになります。

ポインタには反対側のコーナー（対角の頂点）が一緒についてきますが、まだ位置は始点しか固定されていません。

6 「反対側のコーナー」として、「@ 20,28」と入力してEnterキーを押す。

これで、四角形の対角の頂点を、手順5で指定した始点から「右に20、上に28の位置」に指定したことになります。

横20×縦28の四角形が作図され、［四角形］コマンドが自動的に終了します。

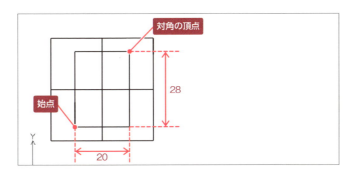

> **Column** ［始点］のEスナップ上書きについて
>
> ［始点］のEスナップ上書きを使うことで、補助線がなくても位置を相対座標で指定することができます。「わざわざ補助線をかいて利用し、利用が終わったら削除する」という二度手間がなくなり、作業効率が上がります。

■ 中央の横線を2本作図する

作図見本に色付きで示したように、中央の横線を2本作図します。

これは［線分］コマンドを使ってかくこともできますが、ここでは［オフセット］コマンドを使って線分を平行にコピーしてみます。

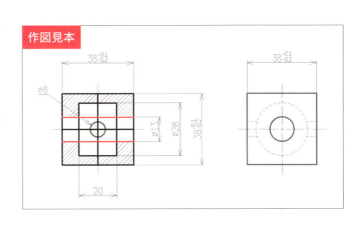

1 [ホーム]タブ － [修正]パネル － [オフセット]をクリックする（あるいは「OFFSET」または「O」と入力してEnterキーを押す）。

2 コマンドウィンドウに「距離を指定」と表示されるので、「6.5」と入力してEnterキーを押す。

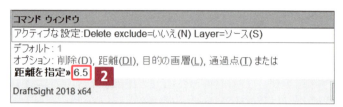

続いて、「ソースエンティティ」（コピー元）と「目的点の側」（コピー先）を指定します。

3 コマンドウィンドウに「ソースエンティティを指定」と表示されるので、中央の横線をクリックする。

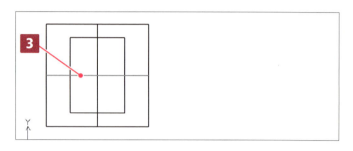

4 コマンドウィンドウに「目的点の側を指定」と表示されるので、中央の横線よりも上をクリックする。

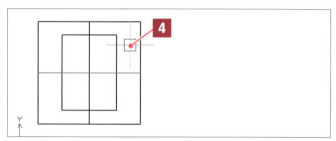

コピー元よりも6.5上の位置に、1本目のオフセットができます。

オフセットが終わっても、[オフセット]コマンドは自動的に終了しません。再び「ソースエンティティを指定」と表示され、同じ距離のオフセットを続けて行うことができます。

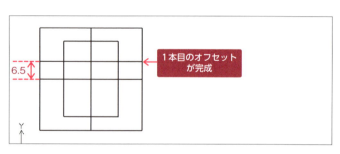

5 中央の横線をクリックする。

6 「目的点の側」として、中央の横線より下側をクリックする。

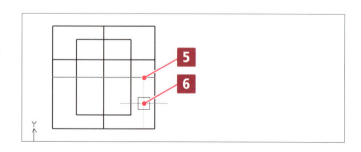

コピー元よりも6.5下の位置に、2本目のオフセットができます。

7 Enterキーまたは Esc キーを押して[オフセット]コマンドを終了する。

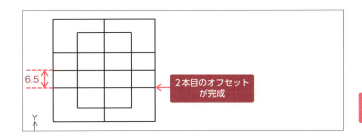

■ 中央の横線2本の中央部をトリムする

作図見本に色付きで示したように、中央の横線2本の中央部をトリムします。

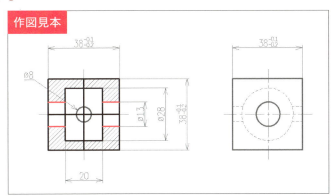

1 [ホーム]タブ －[修正]パネル －[トリム]をクリックする（あるいは「TRIM」または「TR」と入力してEnterキーを押す）。

 [トリム]は、[パワートリム]アイコン右の［▼］をクリックすると表示されます。

 [パワートリム]と[コーナートリム]はDraftSight ProfessionalとEnterpriseバージョン限定の機能であり、無料版では使えないため、本書では扱いません。

2 コマンドウィンドウに「切り取りエッジを指定」と表示されるので、内側の四角形をクリックする。

切り取りエッジはEnterキーを押して確定するまで次々と選択することができますが、ここではこれ以上必要ないので確定します。

3 Enterキーを押して確定する。

4 コマンドウィンドウに「削除するセグメントを指定」と表示されるので、線分の削除したい部分をクリックする。

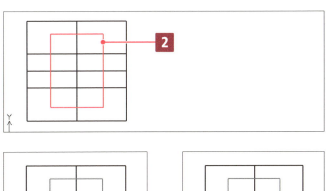

クリックした線分の、切り取りエッジ（内側の四角形）に挟まれた領域間が削除されます。

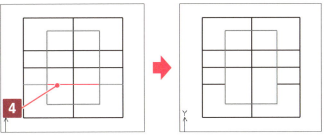

5 同様に上の線分もクリックし、削除する。

6 [Enter]キーまたは[Esc]キーを押して[トリム]コマンドを終了する。

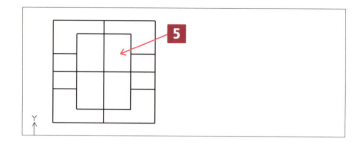

■ 中央の円を作図する

作図見本に色付きで示したように、中央の円を作図します。

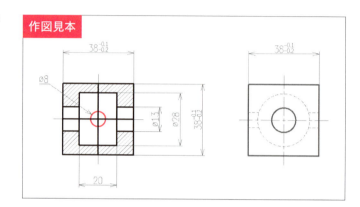

1 [ホーム]タブー[作成]パネルー[円]をクリックする(あるいは「CIRCLE」または「C」と入力して[Enter]キーを押す)。

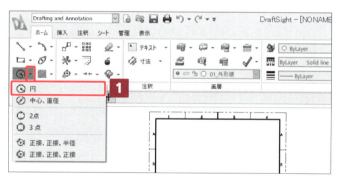

2 円の中心とする位置として、十字の中心線の交点をクリックする。

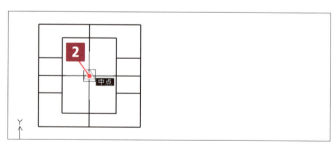

3 半径として、「4」と入力して[Enter]キーを押す。

半径4の円が作図され、[円]コマンドが自動的に終了します。

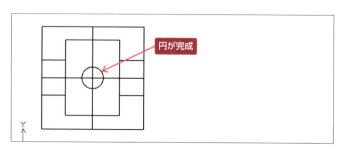

■ 十字の中心線を伸ばす

作図見本に色付きで示したように、十字の中心線を伸ばします。

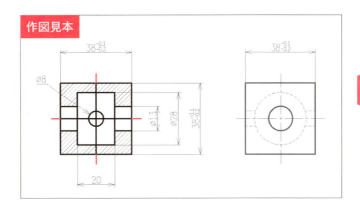

1. [ホーム]タブ−[修正]パネル−[長さ変更]をクリックする(あるいは「EDITLENGTH」または「LEN」と入力して Enter キーを押す)。

   💡 HINT　[長さ変更]は、[パワートリム]アイコン右の[▼]をクリックすると表示されます。

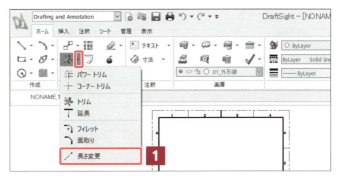

2. [増分(I)]オプションを使うので「I」と入力し、Enter キーを押す。

3. 増分として伸ばしたい数値(ここでは「5」)を入力し、Enter キーを押す。

続いて、伸ばしたいエンティティを順に選択します。

4. 十字の中心線の上半分、下半分、左半分、右半分をクリックする。

クリックした線分がそれぞれ5伸びます。

5. Enter キーまたは Esc キーを押して[長さ変更]コマンドを終了する。

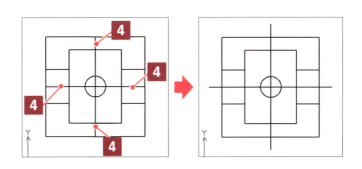

■ 十字の中心線の画層を変更する

作図見本に色付きで示した十字の中心線の画層を変更します。

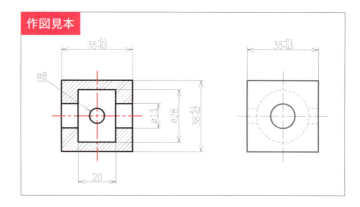

1. 縦と横の中心線をクリックして選択する。

2. [ホーム]タブ ― [画層]パネルで、画層のプルダウンリストから[04_中心線]を選択する。

3. Esc キーを押して縦と横の中心線を選択解除する。

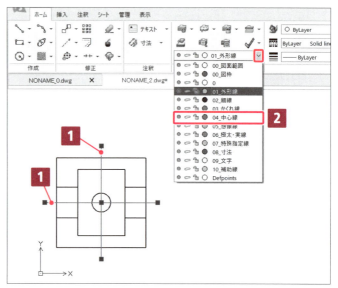

線分の画層が[04_中心線]に変わったことにより、線分が赤い細線（鎖線）に変わります。

 HINT　ここまでの手順を終えた状態の図面ファイルが、教材データに「3-2-4.dwg」として収録されています。

3-2-4　側面図の作図

　キューブの側面図を作図します。正面図から流用できるエンティティ（十字の中心線や四角形、円）をコピーして、円の大きさを変更したり、新たな円を作図したりしましょう。

■ 正面図から流用できるエンティティをコピーする

作図見本に色付きで示したように、正面図から、側面図の作図に流用できるエンティティをコピーします。

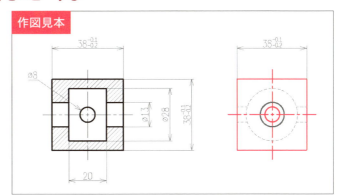

1 練習用ファイル「3-2-4.dwg」を開く（または 3-2-2 で作成した図面ファイルを引き続き使用）。

2 コピーしたいエンティティ（縦横の中心線、外形の四角形、円）をクリックして選択する。

> **HINT** 中央の円の大きさは違いますが、コピーをした後に修正します。

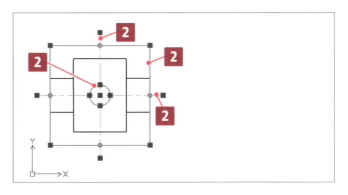

3 [ホーム]タブ —[修正]パネル —[コピー]をクリックする（あるいは「COPY」または「CO」と入力してEnterキーを押す）。

4 始点として、任意の位置をクリックする。

> **HINT** 始点はどこでもかまいませんが、混み合っていない外形のやや右下あたりがよいでしょう。

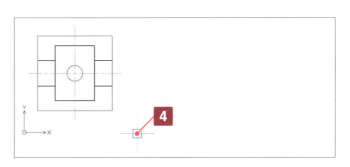

5 コマンドウィンドウに「2つ目の点を指定」と表示されるので、ポインタを右方向に動かして水平線上であることを確認し、任意の距離の位置をクリックする。

> **HINT** 始点と2つ目の点の間には、寸法が入ることを考慮したスペースを空けます。

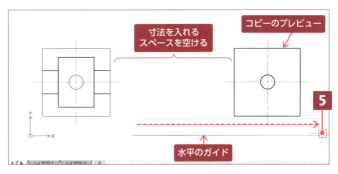

次のコピーのプレビューがポインタに一緒についてきますが、これ以上のコピーは必要ないので[コピー]コマンドを終了します。

6 Enter キーまたは Esc キーを押して[コピー]コマンドを終了する。

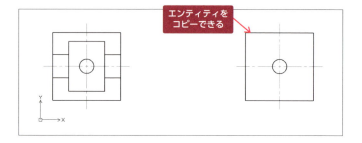

■ 円の大きさを変更する

正面図からコピーした円を、作図見本に色付きで示したように、大きくします。

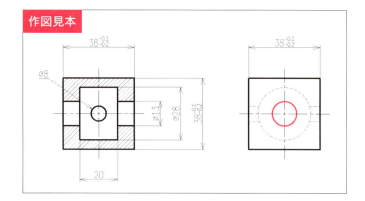

1 円をクリックして選択する。

2 プロパティパレットの[ジオメトリ]項目にある ⊘ [直径]欄をクリックする。

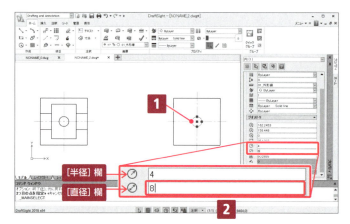

3 入力ポインタが表示されたら、「8」を消去して「13」と入力し、Enter キーを押す。

円の直径が8から13に変更されます。

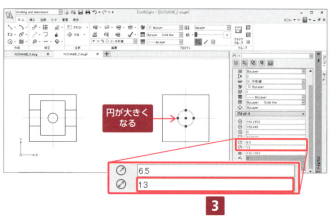

■ 円を作図する

作図見本に色付きで示したように、円を作図します。

1. P.126の手順1にならって[円]コマンドを実行する。
2. 円の中心として、十字の中心線の交点をクリックする。
3. 半径として、「14」と入力してEnterキーを押す。

半径14の円が作図され、[円]コマンドが自動的に終了します。

4. Escキーを押して円を選択解除する。

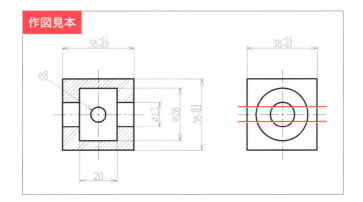

■ 横線2本を作図する

作図見本に色付きで示したように、横線2本を作図します。

横の中心線を上下に4ずつオフセット（平行にコピー）して作図します。

1. [ホーム]タブ －[修正]パネル －[オフセット]をクリックする（あるいは「OFFSET」または「O」と入力してEnterキーを押す）。
2. オフセットの距離として、「4」と入力してEnterキーを押す。
3. P.124の手順3～7にならって、横の中心線を上下にオフセットする。

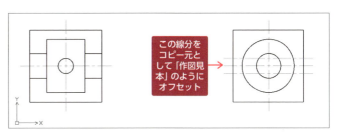

■ 横線2本と大きい円の画層を変更する

作図見本に色付きで示した横線2本と大きい円の画層を変更します。

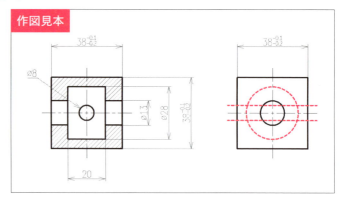

1. 横線2本と大きい円をクリックして選択する。
2. ［ホーム］タブ ― ［画層］パネルで、画層のプルダウンリストから［03_かくれ線］を選択する。
3. Esc キーを押してエンティティを選択解除する。

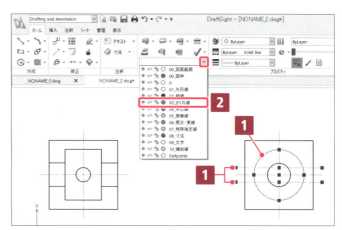

図は画層がかくれ線に変更された状態です。

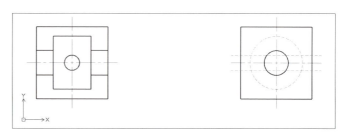

■ 不要な線をトリムする

作図見本に色付きで示したように、不要な線をトリムします。

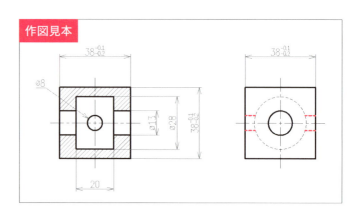

1. P.125の手順1にならって[トリム]コマンドを実行する。

2. 「切り取りエッジ」として、四角形と大きい円をクリックして選択する。

3. [Enter]キーを押して選択を確定する。

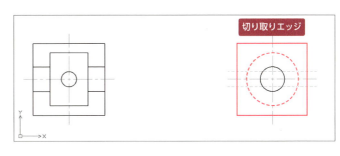

4. 「削除するセグメント」として、四角形からはみ出た横線と円の内側を続けてクリックする。

クリックしたエンティティの「端から切り取りエッジまで」と「切り取りエッジと切り取りエッジの間」が削除されます。

5. [Enter]キーまたは[Esc]キーを押して[トリム]コマンドを終了する。

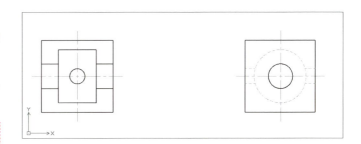

 ここまでの手順を終えた状態の図面ファイルが、教材データに「3-2-5.dwg」として収録されています。

3-2-5 寸法の記入

キューブの正面図と側面図に寸法を記入します。長さ寸法、直径寸法を記入した後、長さ寸法に直径記号「φ」を付けたり、サイズ公差を付けたりしましょう。

■ 長さ寸法、直径寸法を記入する

作図見本に色付きで示したように、長さ寸法、直径寸法を記入します。

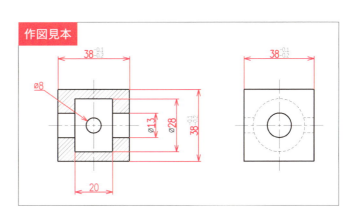

1. 練習用ファイル「3-2-5.dwg」を開く（または3-2-2で作成した図面ファイルを引き続き使用）。

2. P.99「3-1-5 寸法の記入」を参考に、図のように長さ寸法、直径寸法を記入する。

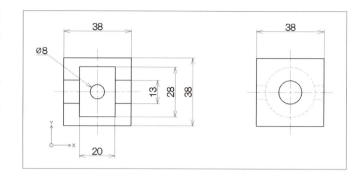

■ **長さ寸法に直径記号を表示する**

作図見本に色付きで示したように、長さ寸法に直径記号「φ」を表示します。

「直径寸法」を記入すると自動的に「φ」付きの表示になります（P.109を参照）が、長さ寸法にも「φ」を表示することができます。

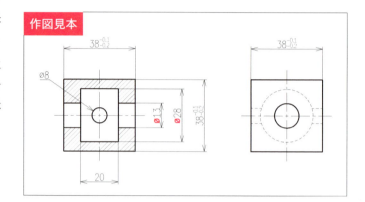

1. 直径記号を付けたい寸法（ここでは図に示した2カ所）をまとめて選択する。

> **HINT** 寸法を1つずつクリックして選択することもできますが、「交差選択」を使えば2つの寸法をまとめて選択できます。交差選択をするには、図に色付きの枠で示した範囲を右から左に囲みます（詳しくはP.68「2-8 エンティティの選択と選択解除」を参照）。

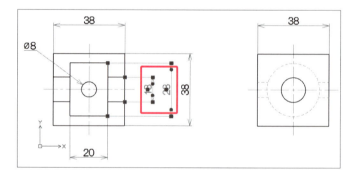

2. プロパティパレットを下にスクロールする。

3. [文字]項目の [文字上書き]欄に「%%C<>」と半角で入力してEnterキーを押す。

寸法の表示が直径記号付きに変わります。

4. Escキーを押してエンティティを選択解除する。

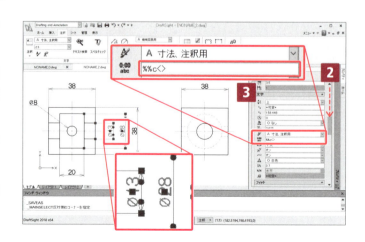

Column 「%%C」の意味

「%%」は、その後ろの文字と組み合わせて記号にする制御文字です。後ろに付く文字によって、記号が異なります。
なお、文字は、半角であれば大文字・小文字は問いません。

文字	表示される記号	例
C	直径記号	%%C → φ
P	プラスマイナス	%%P → ±
D	度	%%D → °
U	アンダーライン	%%UAAA → AAA
O	オーバーライン	%%OAAA → AAA

■ サイズ公差（寸法公差）を付ける

作図見本に色付きで示したように、サイズ公差（寸法公差）を付けます。

公差とはものを作るときに許されるサイズの範囲を示すもので、大きさにかかわる「サイズ公差（寸法公差）」と形状や位置にかかわる「幾何公差」があります。部品の精密さが要求されない場合、「この部品だったらこのくらいの寸法の誤差はOK」という許容範囲を決めます。それがサイズ公差（寸法公差）で、DraftSightでは「許容差」と呼びます。

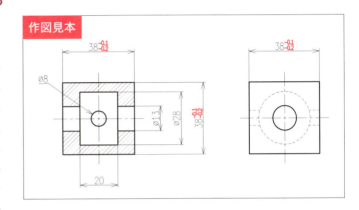

1. 同じサイズ公差を付けたい寸法（ここでは図に示した3カ所）をまとめて選択する。

まとめて選択するのは、サイズ公差の数値が同じ場合のみです。

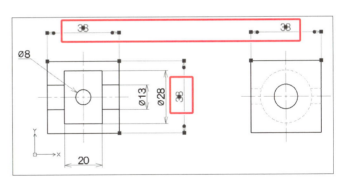

2. プロパティパレットの[許容差]項目にある[許容差表示]欄の▼をクリックし、プルダウンリストから[偏差]を選択する。

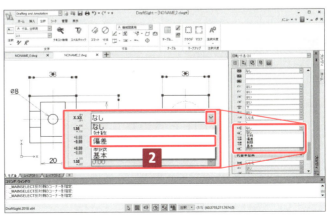

選択中の寸法数値の後ろに「0」が表示されるようになります。

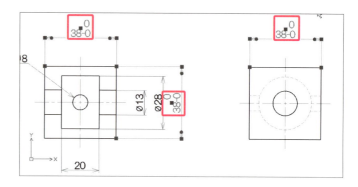

プロパティパレットの［許容差］項目に［許容差上限］欄と［許容差下限］欄が追加されましたが、ともに「0」に設定されているので変更します。

3 ［許容差上限］欄の値を「-0.1」に変更してEnterキーを押す。

4 ［許容差下限］欄の値を「0.2」に変更してEnterキーを押す。

入力したサイズ公差が寸法数値に反映されます。

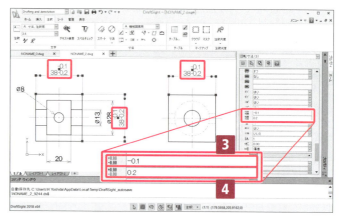

続けて、［許容差文字高さ］欄を変更します。

5 ［許容差文字高さ］欄の値を「1」から「0.7」に変更してEnterキーを押す。

サイズ公差の文字が小さくなります。

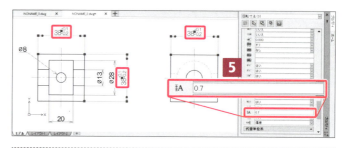

> **注意** 製図一般の規格 Z8317 の公差記入についての一般事項で、許容限界寸法の大きさについて「数値は、寸法数値と同じ大きさでかく。これらは寸法数値の大きさよりも1サイズ小さくしてもよいが、2.5mm より小さくならないようにする」と規定しています。
> ここでキューブの図面に使ったテンプレートでは、許容限界寸法のサイズを寸法数値×0.7の高さにしています。ここを 0.5 にしてしまう人も多いようですが、たいていの場合それでは 2.5 より小さくなってしまうので注意が必要です。

6 Escキーを押してエンティティを選択解除する。

寸法表示の最終的な見た目は、図のようになります。

> **HINT** ここまでの手順を終えた状態の図面ファイルが、教材データに「3-2-6.dwg」として収録されています。

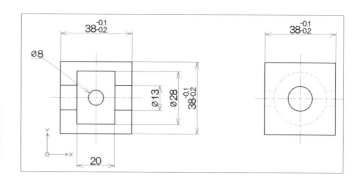

3-2-6 ハッチングの記入

ブロックの正面図にハッチングを記入します。

■ ハッチングを記入する

作図見本に色付きで示したように、ハッチングを記入します。

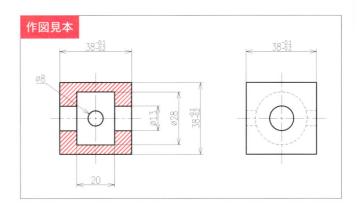

1. 練習用ファイル「3-2-6.dwg」を開く（または 3-2-2 で作成した図面ファイルを引き続き使用）。

2. ［ホーム］タブ－［作成］パネル－［ハッチング...］をクリックする（あるいは「HATCH」または「H」と入力して Enter キーを押す）。

［ハッチング／塗り潰し］ダイアログボックスが表示されます。

3. ［尺度］を「1」から「0.5」に変更する。

4. ［点を指定］ボタンをクリックする。

> **HINT** 尺度の数値を小さくすると、ハッチングの線の間隔が狭くなります。

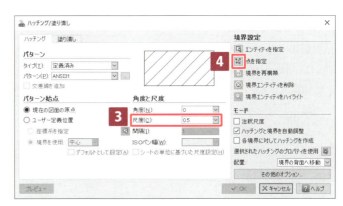

［点を指定］ボタンをクリックすると、ダイアログボックスはいったん閉じます。

5. コマンドウィンドウに「内部の点を指定」と表示されるので、図に示したハッチングを記入したい領域内をクリックする。

コマンドウィンドウにはまだ「内部の点を指定」と表示されています。Enter キーを押して選択を確定するまで、選択は続けて行うことができます。

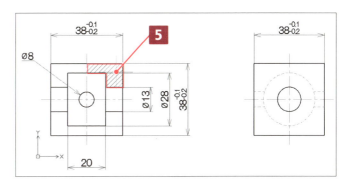

6 同様に、図に示した残りの3カ所の領域内をクリックする。

7 [Enter]キーを押して選択を確定する。

[Enter]キーを押すと、[ハッチング/塗り潰し]ダイアログボックスが再び表示されます。

8 [OK]ボタンをクリックしてダイアログボックスを閉じる。

ハッチングが記入され、[ハッチング]コマンドが自動的に終了します。

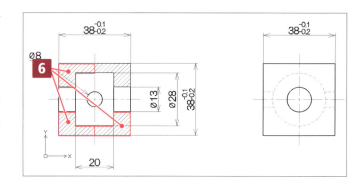

 DraftSight 2017では、手順8で[OK]ボタンの代わりに[プレビュー]ボタンをクリックしてプレビューを表示し、問題なければ[Enter]キーを押して確定する（変更したい場合は[Esc]キーを押す）、という作業が必要でしたが、DraftSight 2018ではその必要はなくなりました。手順5～6で「点を指定」しただけでプレビューが表示されるようになったためです。

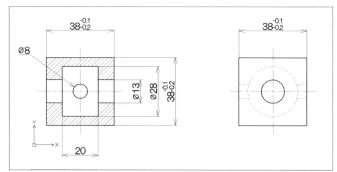

■ 画層を切り替える

画層が[08_寸法]のままハッチングを作成したので、[02_細線]に変更します。

1 作成したハッチングをすべて選択する。

2 [ホーム]タブ―[画層]パネルで、画層のプルダウンリストから[02_細線]を選択する。

3 [Esc]キーを押してハッチングを選択解除する。

図は画層変更後の状態です。

4 図面ファイルに名前を付けて保存する。

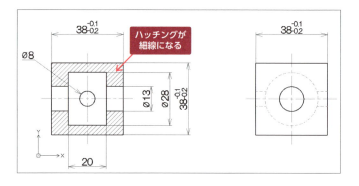

 ここまでの手順を終えた状態の図面ファイルが、教材データに「3-2-6_完成.dwg」として収録されています。

3-3 フックの作図

📄 A4_kikai_1.dwt 📄 3-3-3.dwg 📄 3-3-4.dwg 📄 3-3-5.dwg

フックを作図しながら、ポリラインやフィレットなどのCAD操作、および(R)記号などの製図知識を学びましょう。

3-3-1 この節で学ぶこと

この節では、次の図のようなフックを作図しながら、以下の内容を学習します。

CAD操作の学習
- ポリラインを作図する
- フィレットをかける
- ブロックを挿入する
- 構築線を作図する
- グリップ編集を使う
- エンティティを分解する

製図の学習
- 板金
- (R)の意味

次の図面は「板金図」といいます。薄く平らに成形した金属のことを「板金」といい、板金を曲げたり切断したり穴を開けるなどの加工をした部品を「板金部品」といいます。

曲げた部分は実際には多少厚みが変化しますが、板金部品を図面で表すときには厚みは一定の幅で作図します。この節では板の厚みをオフセットで作図するために、[線分]コマンドではなく[ポリライン]コマンドで片側の面の稜線をかきます。ポリラインはオフセットを使って一定の厚みを一度に表現できるので、とても便利です。

完成図面

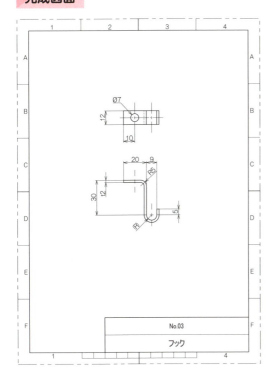

作図部品の形状

この節で学習するCADの機能

[ポリライン] コマンド
（POLYLINE／
エイリアス：PL）

● 機能
直線や円弧を組み合わせて1つの連続線を作成するコマンドです。1つのエンティティにすることで一括したコーナー処理が行えるなど、さまざまな利点があります。ここまでの学習で出てきた［四角形］コマンドでかかれた四角形もポリラインです。

● 基本的な使い方
1　［ポリライン］コマンドを実行する。
2　始点を指定する。
3　次の頂点を指定する。
4　手順3を繰り返す。

[フィレット] コマンド
（FILLET／
エイリアス：F）

● 機能
コーナー処理の1つで、2線間を接円弧で処理するコマンドです。基本的に円弧をかける元になる2線はトリム処理を兼ねますが、トリム処理させないオプションもあります。

● 基本的な使い方
1　［フィレット］コマンドを実行する。
2　半径やモードを確認し、必要があれば変更する。
3　フィレットをかける元の2線をクリックで指定する。

[ブロック挿入] コマンド
（INSERTBLOCK／
エイリアス：I）

● 機能
既存のブロックを作図領域に挿入するコマンドで、挿入するためには登録済みのブロックが必要です。
※ブロックは複数のエンティティなどをひとまとめにして図面に登録したものです。

● 基本的な使い方
1　［ブロック挿入］コマンドを実行する。
2　ダイアログボックスで必要項目を指定する。
3　挿入の目的点を指定する。

[構築線] コマンド
（INFINITELINE／
エイリアス：IL、XL）

● 機能
無限の長さの線を作図するコマンドです。投影線の作図などに使われます。水平、垂直、角度など、さまざまなオプションが用意されています。

● 基本的な使い方
1　［構築線］コマンドを実行する。
2　オプションを指定する。
3　以降はオプションによって変わる。

グリップ編集
（コマンドではありません）

● 機能
エンティティを選択したときに表示される青い四角いマークをグリップといいます。グリップをクリックして操作することで、形状を変更させることができます。

[分解] コマンド
（EXPLODE／
エイリアス：X）

● 機能
ブロックやポリラインなどをバラバラの要素にするコマンドです。分解することで、まとまっていた要素を個別に編集できるようになります。また、ブロックやポリラインを扱えないほかのCADソフトと図面を共有する際などは、あらかじめそれらを分解しておきます。

● 基本的な使い方
1　分解したいエンティティを選択する。
2　［分解］コマンドを実行する。

3-3-2 作図の準備

テンプレート「A4_kikai_1.dwt」をもとに図面ファイルを新規作成します。作図オプションなど、詳しくは「3-1-2　作図の準備」P.78〜81にならってください。ただしここでは、図枠の右下に記入する課題番号を「No.03」、部品名を「フック」とします。

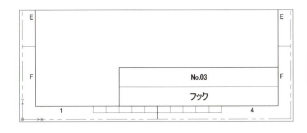

3-3-3 正面図の作図

フックの正面図を作図します。まずポリラインを作図し、次にフィレットを作成しましょう。

■ **ポリラインを作図する**

作図見本に色付きで示したように、ポリラインを作図します。

連続線をかくのに線分でなくポリラインを使うのは、後ほど板厚部分を作図するときにこの連続線をオフセットする手間が少なくて済むからです（詳しくは P.146 の「Column」を参照）。

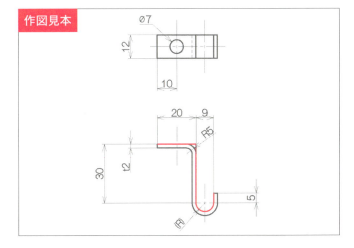

1. 練習用ファイル「3-3-3.dwg」を開く（または 3-3-2 で作成した図面ファイルを引き続き使用）。

2. ［ホーム］タブ ―［作成］パネル ―［ポリライン］をクリックする（あるいは「POLYLINE」または「PL」と入力して Enter キーを押す）。

3. コマンドウィンドウに「始点を指定」と表示されるので、図に示したあたりをクリックする。

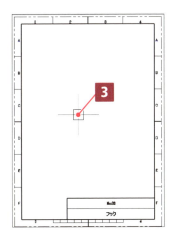

4 コマンドウィンドウに「次の頂点を指定」と表示されるので、ポインタを右方向に動かして距離を「20」と入力し、Enter キーを押す。

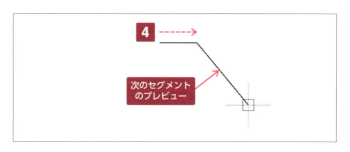

右方向に長さ20の線が作図されます。また、次のセグメント（線）のプレビューが表示され、ポインタに一緒について動きます。

5 コマンドウィンドウに「次の頂点を指定」と表示されるので、ポインタを下方向に動かして距離を「30」と入力し、Enter キーを押す。

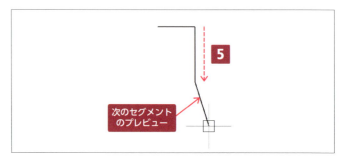

下方向に長さ30の線が作図されます。

かく線を直線から円弧に切り替えるため、[円弧（A）] オプションを使います。

6 「A」と入力して Enter キーを押す。

次のセグメントのプレビューが円弧になります。

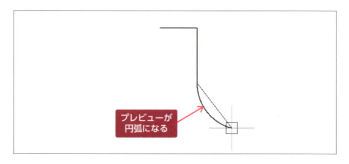

7 コマンドウィンドウに「円弧終点を指定」と表示されるので、ポインタを右方向に動かして距離を「9」と入力し、Enter キーを押す。

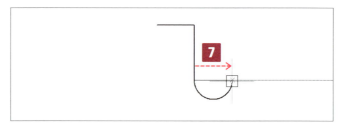

直径9の円弧が作図され、次のセグメント（円弧）のプレビューが表示されます。

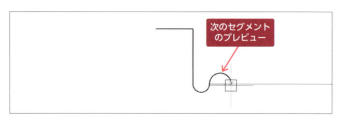

[線分（L）] オプションを使って、直線に戻します。

8 「L」と入力して Enter キーを押す。

プレビューが直線に戻ります。

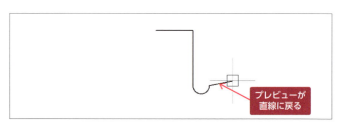

9 コマンドウィンドウに「次の頂点を指定」と表示されるので、ポインタを上方向に動かして距離を「5」と入力し、[Enter]キーを押す。

10 [Enter]キーまたは[Esc]キーを押して[ポリライン]コマンドを終了する。

ポリラインが完成します。

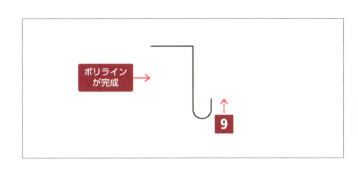

■ フィレットをかける

作図見本に色付きで示したように、ポリラインにフィレットをかけてコーナーを丸めます。

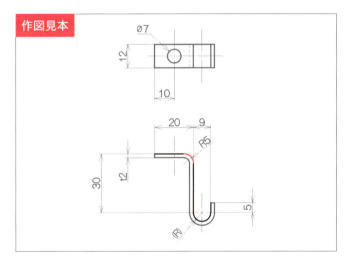

1 [ホーム]タブ －[修正]パネル －[フィレット]をクリックする（あるいは「FILLET」または「F」と入力して[Enter]キーを押す）。

> HINT　[フィレット]は、[パワートリム]アイコン右の[▼]をクリックすると表示されます。

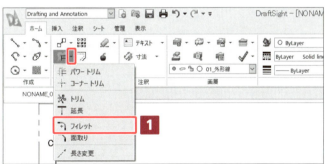

2 コマンドウィンドウでモードが「TRIM」と表示されていることを確認する。

図の状態「モード＝TRIM、半径＝0」がデフォルト値です。「モード＝NOTRIM」になっている場合は、「T[Enter]」と2回入力してトリムモードに戻してください。

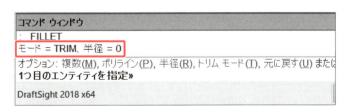

> **Column** モードの「TRIM」「NOTRIM」とは
>
> 「TRIM」「NOTRIM」は、コーナー処理した後に、コーナーを構成するエンティティをトリムするかどうかの設定オプションです。モードを「TRIM」にしてフィレットを実行すると、コーナーを構成するエンティティの「フィレットより長い部分」は削除され（左図）、「フィレットに届かない部分」は延長されます（右図）。
>
>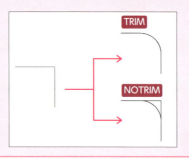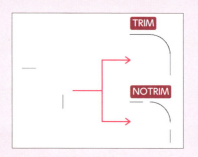

[半径（R）] オプションを使って、フィレットの半径を「5」に変更します。

3 「R」と入力して Enter キーを押す。

4 コマンドウィンドウに「半径を指定」と表示されるので、「5」と入力して Enter キーを押す。

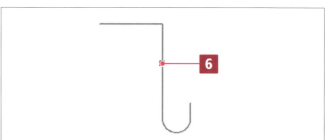

5 コマンドウィンドウに「1つ目のエンティティを指定」と表示されるので、フィレットをかけたい線の部分をクリックする。

6 コマンドウィンドウに「2つ目のエンティティを指定」と表示されるので、フィレットをかけたいもう一方の線の部分をクリックする。

半径5のフィレットが作成され、[フィレット] コマンドは自動的に終了します。

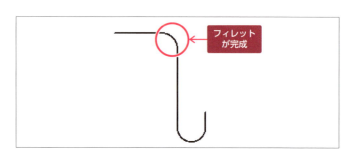

■ 板厚部分を作図する

作図見本に色付きで示したように、板厚部分を作図します。

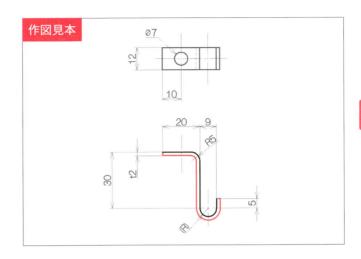

1. [ホーム]タブ ー [修正]パネル ー [オフセット]をクリックする（あるいは「**OFFSET**」または「**O**」と入力して Enter キーを押す）。

2. コマンドウィンドウに「距離を指定」と表示されるので、「2」と入力して Enter キーを押す。

3. コマンドウィンドウに「ソースエンティティを指定」と表示されるので、ポリラインをクリックする。

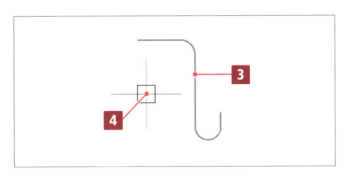

4. コマンドウィンドウに「目的点の側を指定」と表示されるので、左下の任意の位置をクリックする。

5. Enter キーまたは Esc キーを押して[オフセット]コマンドを終了する。

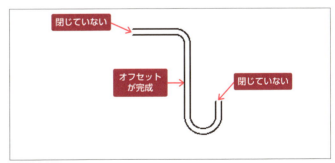

これでポリラインがオフセットされましたが、まだポリラインの両端を閉じていません。

このポリラインの両端を線分でつなぎます。

6. [ホーム]タブ ー [作成]パネル ー [線分]をクリックする（あるいは「**LINE**」または「**L**」と入力して Enter キーを押す）。

7 始点としてポリラインの上の終点、次の点として下の終点をクリックする。

8 [Enter]キーまたは[Esc]キーを押して[線分]コマンドを終了する。

9 [Enter]キーを押して再び[線分]コマンドを実行し、残りの終点間を線分でつなぐ。

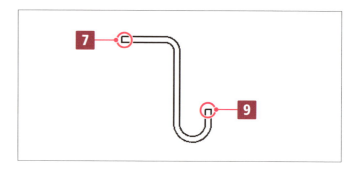

Column ［ポリライン］コマンドと［線分］コマンドでかいた連続線のオフセットの違い

ポリラインでかいた連続線をオフセットする手順と、線分でかいた連続線をオフセットする手順を比較してみましょう。同じ形状を仕上げるのに、これだけ手数が違います。

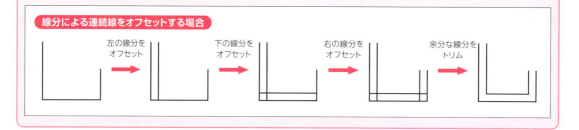

Column ［ポリライン］コマンドと［線分］コマンドでかいた連続線のフィレットにそれぞれ新たにフィレットをかけたときの違い

上図はフィレットのあるポリライン、下図はフィレットのある2線分です。それぞれモードを「TRIM」にして新たにフィレットをかけると、ポリラインのほうはフィレット半径が変更され寸法も追従します。一方、線分のほうはフィレットが新たに作られ、寸法はそのまま元のフィレットに残ります。

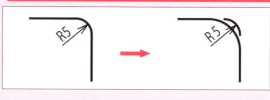

> **Column**　オフセット後にフィレットをかける場合
>
> フックの作図手順ではフィレット後にオフセットしましたが、オフセット後にフィレットをかける場合、内側のフィレットと外側のフィレットでは板の厚みの分だけRサイズに差をつけます。フックの例では外側のフィレットがR5、内側のフィレットはR3（外側R5 − 板厚2）とします。Rサイズに差をつけることで、曲げの部分も均等の厚みになります。
> 内側と外側を同じ半径のフィレットにすると、均等の厚みになりません（図）。

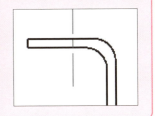

■ 十字中心線を挿入する

作図見本に色付きで示したように、十字中心線を挿入します。

ここまで十字の中心線をかく際、[線分]コマンドで縦横の線分をかき、画層を切り替えたり長さを整えたりしました。それでは少し手間がかかるので、ここではあらかじめブロック（P.148の「Column」を参照）として作り、登録してある十字中心線を呼び出して挿入します。

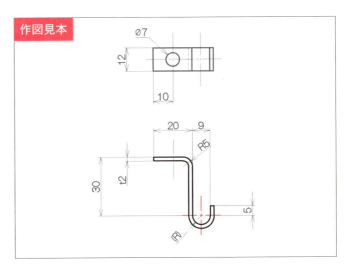

1. [挿入]タブ―[ブロック]パネル―[ブロック挿入]をクリックする（あるいは「INSERTBLOCK」または「I」と入力して Enter キーを押す）。

[ブロック挿入]ダイアログボックスが表示されます。

2. [名前]欄の∨をクリックし、プルダウンリストから[十字中心線]を選択する。

3. [ブロック分解]にチェックを入れる。

4. [位置]と[尺度]の項目は[後で指定する]にチェックを入れる（[回転]の項目にはチェックを入れない）。

5. [OK]ボタンをクリックする。

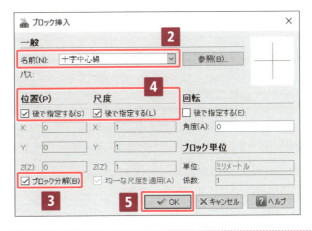

> **HINT**　ここでは手順3で、ブロック挿入と同時に分解する設定にしていますが、分解せずに挿入したブロックを後から[分解]コマンド（P.162参照）を使って分解することもできます。

6 コマンドウィンドウに「目的点を指定」と表示されるので、右下の丸み部分の中心点をクリックする。

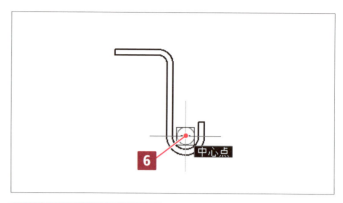

 [Eスナップ] がオンになっているのに、円や円弧の中心スナップが表示されない場合、いったんポインタを円周に乗せます。すると小さな十字マーク（図）が表示され、その上にポインタを持っていくと [中心] マーカーが表示されます。

コマンドウィンドウに「尺度を指定」と表示され、ポインタの動きに合わせてプレビューの十字中心線の長さが伸び縮みします。

7 ポインタを動かして、十字中心線の長さがちょうどよいと思う位置をクリックする。

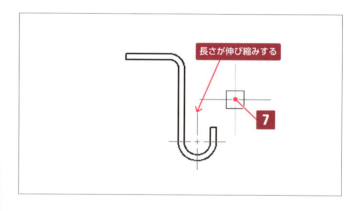

 ここでは、目分量で長さを指定していますが、正確な長さを指定したい場合はクリックの代わりに数値を入力して Enter キーを押します。

ブロックが挿入されると、［ブロック挿入］コマンドは自動的に終了します。

Column ブロックとは

「ブロック」とは複数のエンティティで構成された図形をブロック（かたまり）として登録した図形のことで、登録しておけば簡単に呼び出して挿入できます。
登録したブロックは挿入時の設定で、尺度を変更したり回転させた状態で挿入することもできます。
また、1つのブロックを編集すると図面内の同一ブロックすべてに編集が反映されるので、設計変更に対応させやすいのも利点です。
このような利点があるため、通常はブロックのまま挿入します。ただし、図中で使う十字の中心線などは挿入した部位によっては1辺だけ伸縮させることがあるなど、同一編集を行いたくないブロックなので、分解して挿入します。
この後の手順で分解したブロックから一部をコピーして使いますが、コピーするために分解したわけではありません。

■ 縦の中心線をコピーする

作図見本に色付きで示したように、縦の中心線をコピーします。

この前の「十字中心線を挿入する」の手順でブロック挿入した十字中心線のうちの縦線をコピーします。

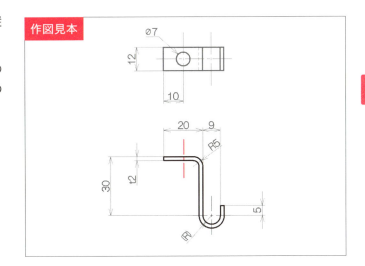

1 縦の中心線をクリックして選択する。

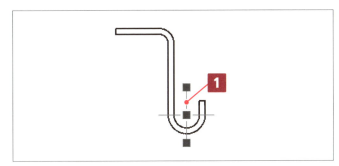

2 [ホーム]タブ ―[修正]パネル ―[コピー]をクリックする（あるいは「COPY」または「CO」と入力してEnterキーを押す）。

3 コマンドウィンドウに「始点を指定」と表示されるので、十字中心線の交点をクリックする。

コマンドウィンドウに「2つ目の点を指定」と表示されます。

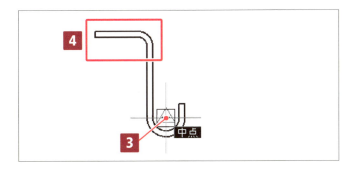

4 図に示したあたりがよく見えるように画面を拡大する。

5 左端の短い縦線の中点にポインタを合わせる（クリックはしない）。

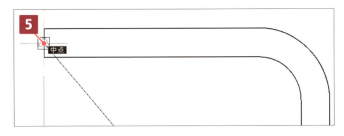

6 そのままポインタをゆっくり右に動かす。

7 水平のガイドが表示されるので、距離を「10」と入力して Enter キーを押す。

縦の中心線が、手順5の位置から10の距離にコピーされます。

8 Enter キーまたは Esc キーを押して[コピー]コマンドを終了する。

 ここまでの手順を終えた状態の図面ファイルが、教材データに「3-3-4.dwg」として収録されています。

9 画面を縮小して、正面図全体が見えるサイズに戻す。

これで正面図は完成です。

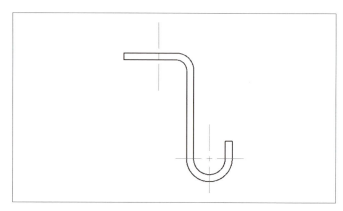

 手順6ではEトラックを使っています。この操作が苦手な場合は、代用案として、縦の中点に半径10の円をかき、その円の四半円点を「2つ目の点」(コピー先)とする方法があります(図)。
縦の中点から右に長さ10の線分をかく方法もありますが、後から削除することを考えると、選択しやすい円のほうがおすすめです。

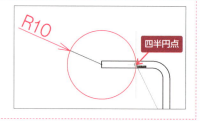

3-3-4 平面図の作図

フックの平面図を作図します。

投影図は、P.23で述べた通り、正面図と位置を揃えてかくことになっています。

3-1 ではEトラックを使い、側面図の位置を正面図に合わせてかきました。3-2 では[コピー]コマンドを使い、円形状ガイドで位置合わせをして側面図を作りました。投影図の位置合わせには、ほかにも投影線(投影させる位置合わせに使う補助線)をかく方法もあります。フックの作図ではこの方法を使ってみましょう。

投影線として作図した構築線をトリムして、そのまま外形線に利用します。

■ 構築線を作図する

作図見本に色付きで示したように、正面図と位置合わせするための構築線を作図します。

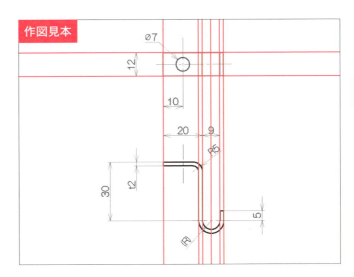

1. 練習用ファイル「3-3-4.dwg」を開く（または 3-3-2 で作成した図面ファイルを引き続き使用）。

2. ［ホーム］タブ ―［作成］パネル ―［構築線］をクリックする（あるいは「INFINITELINE」、「IL」または「XL」と入力して Enter キーを押す）。

> **HINT** ［構築線］は、［線分］アイコン右の［▼］をクリックすると表示されます。

コマンドウィンドウに「位置を指定」と表示されますが、まず垂直な構築線をかきたいので［垂直（V）］オプションを使います。

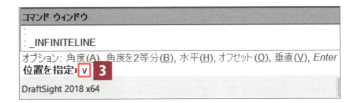

3. 「V」と入力して Enter キーを押す。

垂直な構築線のプレビューが表示され、ポインタを動かすと構築線も一緒についてきます。

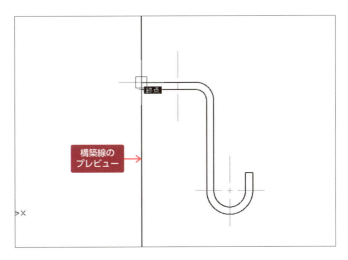

4 コマンドウィンドウに「次の位置を指定」と表示されるので、図に示した6カ所の点をクリックする（クリックの順序は問わない）。

5 Enter キーまたは Esc キーを押して［構築線］コマンドを終了する。

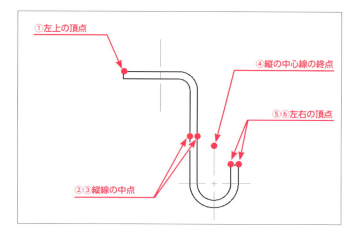

手順4で指示したすべての点をクリックし終わると、図のように構築線が作図されます。

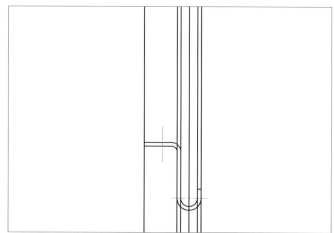

6 Enter キーを押して再び［構築線］コマンドを実行する。

次に水平な構築線をかきたいので、［水平（H）］オプションを使います。

7 「H」と入力して Enter キーを押す。

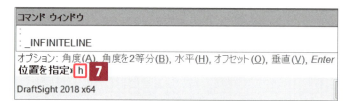

8 平面図の下側の横線の位置として指定したい、任意の位置をクリックする。

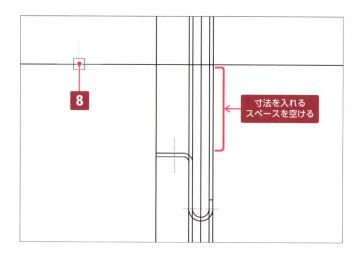

9 そのままポインタを上方向に動かし、垂直のガイドが表示されたことを確認したうえで、「12」と入力して Enter キーを押す。

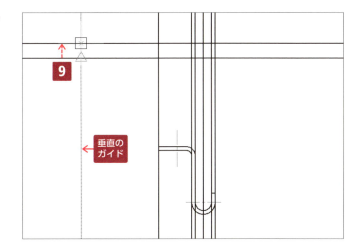

上に12の距離に水平な構築線が作図されます。

10 Enter キーまたは Esc キーを押して[構築線]コマンドを終了する。

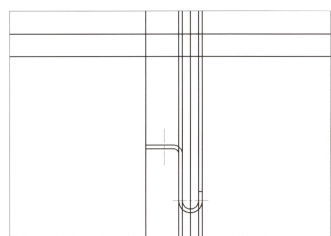

■ 構築線をトリムする

作図見本に色付きで示したように、構築線をトリムします。

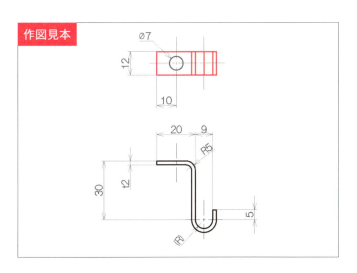

1 ［ホーム］タブ － ［修正］パネル － ［トリム］をクリックする（あるいは「TRIM」または「TR」と入力して Enter キーを押す）。

> ［トリム］は、［パワートリム］アイコン右の［▼］をクリックすると表示されます。

2 コマンドウィンドウに「切り取りエッジを指定」と表示されるので、縦横の構築線が交わる部分を交差選択（右から左に囲む）し、Enter キーを押して確定する。

これで縦と横の構築線がすべて選択されます。

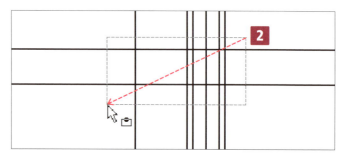

3 コマンドウィンドウに「削除するセグメントを指定」と表示されるので、削除したい部分を交差選択（右から左に囲む）する。

上部の線が削除されます。

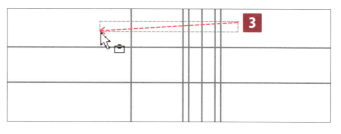

4 同様に、右部も交差選択して削除する。

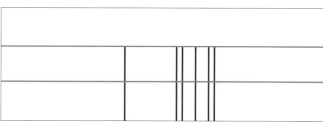

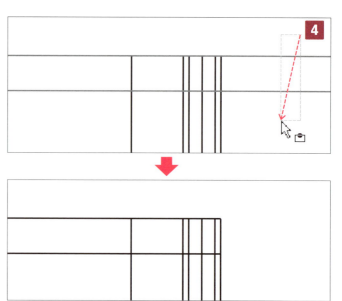

5 同様の方法で左部、下部も削除する。

6 [Enter]キーまたは[Esc]キーを押して[トリム]コマンドを終了する。

図は、不要な線をすべて削除した状態です。

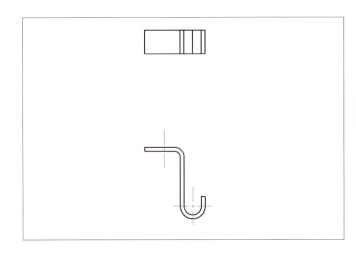

■ 円を作図する

作図見本に色付きで示したように、円を作図します。

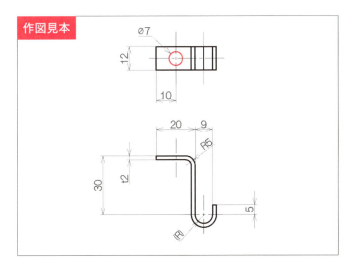

1 [ホーム]タブ ― [作成]パネル ― [円]をクリックする(あるいは「CIRCLE」または「C」と入力して[Enter]キーを押す)。

2 平面図の左の縦線の中点にポインタを合わせる(クリックはしない)。

3 ポインタを右に動かしてガイドを表示し、「10」と入力して[Enter]キーを押す。

左の縦線から右に10の位置が円の中心点になります。

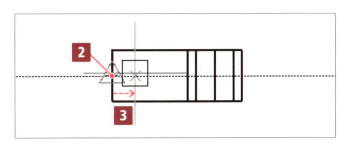

4 コマンドウィンドウに「半径を指定」と表示されるので、「3.5」と入力して Enter キーを押す。

半径3.5の円が作図され、[円]コマンドが自動的に終了します。

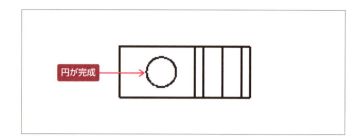

■ 円の十字中心線を作図する

作図見本に色付きで示したように、円の十字中心線を作図します。

十字中心線は、ブロック挿入した後、グリップを使って横の中心線の右側を伸ばします。

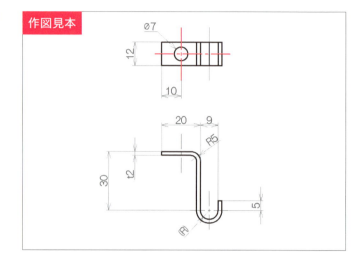

1 P.147の手順 **1**～**7** を参考に、[ブロック挿入]コマンドで円の中心に十字中心線を挿入する。十字中心線の長さはプレビューを見ながら調整して、任意の長さで挿入する。

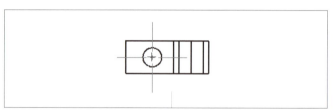

挿入した十字中心線の右側を伸ばします。

2 横の中心線をクリックして選択する。

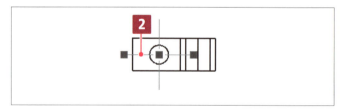

3 グリップが表示されるので、右側のグリップをクリックする。

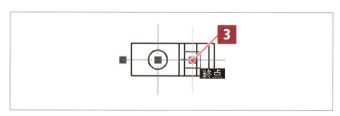

4 クリックしたグリップが赤くなるので、そのままポインタを右方向に動かして、平面図からはみ出た任意の位置でクリックする。

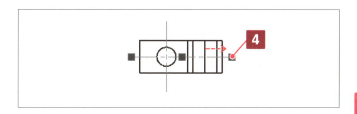

横の中心線が右に伸びます。

5 [Esc] キーを押してエンティティを選択解除する。

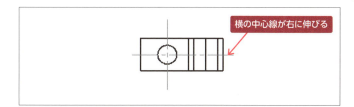

■ 画層を変更する

作図見本の色付きで示した縦線（左）の画層を [03_かくれ線] に、色付きで示した縦線（右）の画層を [04_中心線] に変更します。また、中心線に変更した縦線の長さを伸ばします。

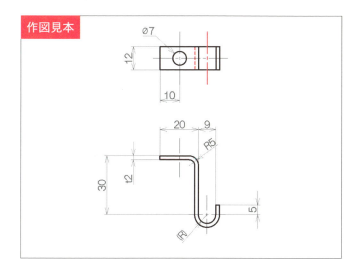

1 見えない板厚部分の線分をクリックして選択する。

2 ［ホーム］─［画層］パネルで、画層のプルダウンリストから [03_かくれ線] を選択する。

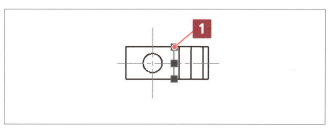

図は、かくれ線に変更した状態です。

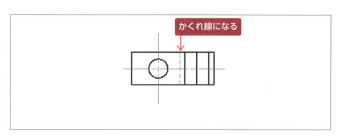

3 手順1〜2にならって、中心線の位置の縦線の画層を[04_中心線]に変更する。

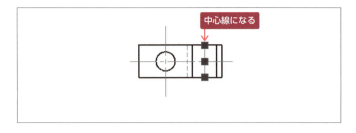

4 [ホーム]タブ ―[修正]パネル ―[長さ変更]をクリックする(あるいは「EDITLENGTH」または「LEN」と入力してEnterキーを押す)。

> **HINT** [長さ変更]は、[パワートリム]アイコン右の[▼]をクリックすると表示されます。

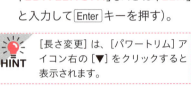

コマンドウィンドウに「長さエンティティを指定」と表示されますが、ここではエンティティの指定はせずに[ダイナミック(D)]オプションを使います。

5 「D」と入力してEnterキーを押す。

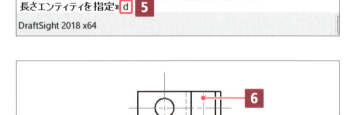

6 コマンドウィンドウに「エンティティを指定」と表示されるので、手順3で画層を変更した縦の中心線の、中点より上の部分をクリックする。

コマンドウィンドウに「新しい終点を指定」と表示されます。また、長さ変更のプレビューが表示され、ポインタの動きに合わせてプレビューの長さが伸び縮みします。

7 穴の十字中心線の上の終点をクリックする。

縦の中心線が上に伸びます。

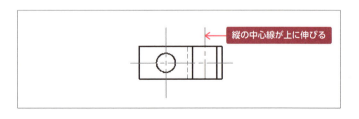

8 コマンドウィンドウに「次のエンティティを指定」と表示されるので、手順3で画層を変更した縦の中心線の、中点より下の部分をクリックする。

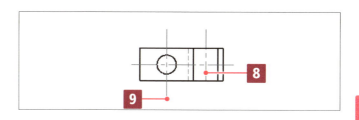

9 コマンドウィンドウに「新しい終点を指定」と表示されるので、穴の十字中心線の下の終点をクリックする。

縦の中心線が下に伸びます。

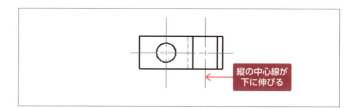

10 [Enter]キーまたは[Esc]キーを押して[長さ変更]コマンドを終了する。

 ここまでの手順を終えた状態の図面ファイルが、教材データに「3-3-5.dwg」として収録されています。

3-3-5 寸法の記入

フックの正面図と平面図に寸法を記入します。

■ 画層を切り替えて寸法を記入する

画層を切り替えて、作図見本に色付きで示したように寸法を記入します。

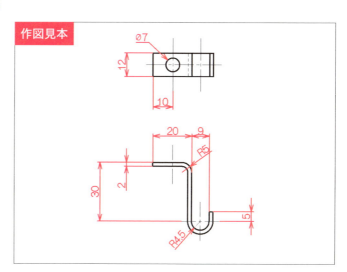

作図見本

1 練習用ファイル「3-3-5.dwg」を開く(または3-3-2で作成した図面ファイルを引き続き使用)。

2 [ホーム]タブ ― [画層]パネルで、画層のプルダウンリストから[08_寸法]を選択する。

3 P.99「3-1-5 寸法の記入」を参考に、図の状態まで寸法を記入する。

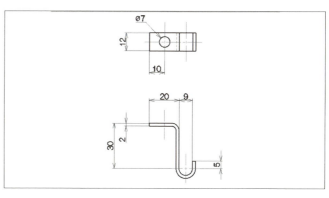

続けて、半径寸法を記入します。

4 ［注釈］タブ ― ［寸法］パネル ― ［半径］をクリックして半径寸法コマンドを実行する（または「RADIUSDIMENSION」と入力してEnterキーを押す）。

HINT ［半径］は、［寸法］アイコン下の［▼］をクリックすると表示されます。

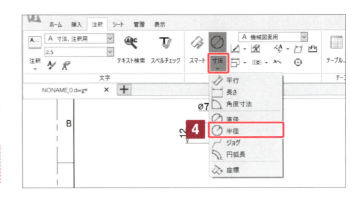

5 コマンドウィンドウに「カーブエンティティを指定」と表示されるので、円弧の円周部分をクリックする。

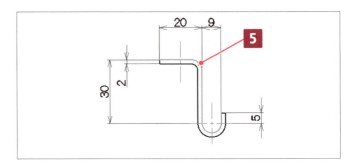

6 ポインタに寸法数値が一緒についてくるので、配置したい位置をクリックする。

「R5」の寸法が記入され、半径寸法コマンドが自動的に終了します。

7 Enterキーを押して半径寸法コマンドを再び実行する。

8 下の円弧の内側の円周部分をクリックする。

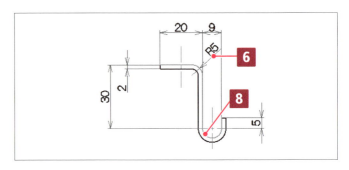

9 寸法数値を配置したい位置をクリックする。

「R4.5」の寸法が記入され、半径寸法コマンドが自動的に終了します。

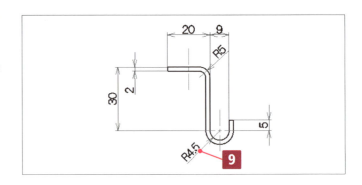

■ 寸法を編集する

作図見本に色付きで示したように、寸法を編集します。

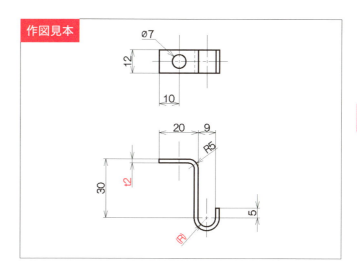

まず板の厚み寸法の「2」を「t2」に変更します。

1 「2」の寸法をクリックして選択する。

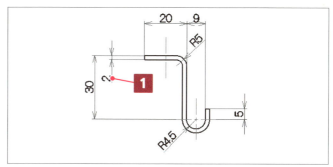

2 プロパティパレットを下にスクロールする。

3 [文字] 項目の [文字上書き] 欄に「t<>」と入力して Enter キーを押す。

「2」の寸法が「t2」に変更されます。

4 Esc キーを押してエンティティを選択解除する。

続けて、「R4.5」を「(R)」に変更します。

5 「R4.5」の寸法をクリックして選択する。

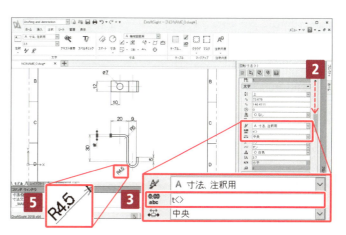

6 [文字上書き] 欄に「(R)」と入力して Enter キーを押す。

「R4.5」の寸法が「(R)」に変更されます。

7 Esc キーを押してエンティティを選択解除する。

図は変更が反映された状態です。

8 図面ファイルに名前を付けて保存する。

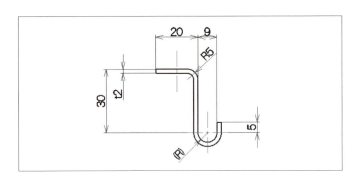

> **HINT** ここまでの手順を終えた状態の図面ファイルが、教材データに「3-3-5_完成.dwg」として収録されています。

■ ポリラインを分解する

最後にポリラインを分解します。1つのつながった連続線を分解することで、独立した個別の線分・円弧に変換されます。

> **注意** 分解は、図面作成にとって必ず必要な操作ではありません。ポリラインは線分や円弧をひとつながりのエンティティとして作成できるので、オフセットエンティティを作成するときに1回のオフセット操作で行えるという利点があります。そのため、通常は分解しません。
> しかし、ポリラインのような連続線を表現できるのはDraftSightやAutoCADなど一部のCADのみなので、それ以外のCADと図面交換する際には分解を行うことが推奨されます。

ここでは操作の練習のために分解するだけなので、手順を終えた後は図面ファイルを保存せずに閉じてください。

1 分解するポリライン2本をクリックして選択する。

> **注意** 寸法は分解すると、寸法としての機能がなくなります。選択時に寸法が含まれないように気をつけましょう。

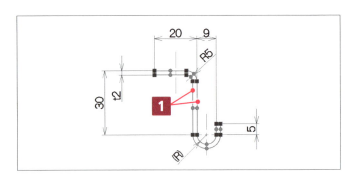

2 [ホーム]タブ—[修正]パネル—[分解]をクリックする(あるいは「EXPLODE」または「X」と入力してEnterキーを押す)。

ポリラインが分解され、[分解]コマンドが自動的に終了します。

3 ポリラインをクリックする。

クリックした位置によってポリラインの一部だけ(直線または円弧)が選択されるので、分解されたことが確認できます。

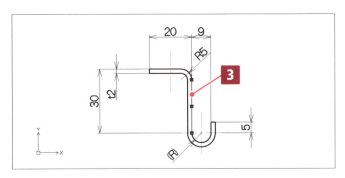

Column 「t」について

「t」は厚みを表す寸法補助記号で、数値の前に付けます。この形状の全体の厚みを表すので、縦の厚み、円弧部分の厚み、などそれぞれに厚み寸法を入れずに1カ所で指定ができます。

Column 「(R)」について

JISの機械製図では、「重複記入を避ける」という規定があります。ここでかいた図面では、幅に対して「9」と寸法が入っているので、「R4.5」と記入することは「重複記入」にあたります。
しかし、R（半径）であることは示したいので、寸法数値は入れずに「(R)」と記入します。
この記入方法は、ほかにも長穴の寸法などによく使われます。図の左側の2つは「(R)」を使った例、右側の2つは幅の寸法を記入しない例です。

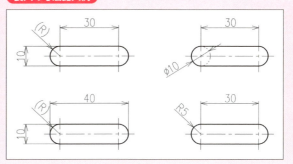

長穴の寸法記入例

3-4 ストッパーの作図

📄 A4_kikai_1.dwt　📄 3-4-3.dwg　📄 3-4-4.dwg

ストッパーを作図しながら、接円や複数のフィレットなどのCAD操作や、厚み指示などの製図知識を学びましょう。

3-4-1 この節で学ぶこと

この節では、次の図のようなストッパーを作図しながら、以下の内容を学習します。

このストッパーは1枚の板から成る形状です。そのため、図中に厚みの指示が記入されていれば、側面図は必要ありません。

CAD操作の学習
- 接円を作図する
- 接線を作図する
- 同じ半径のフィレットを複数作図する
- 簡易注釈を記入する

製図の学習
- 板の厚み指示

完成図面

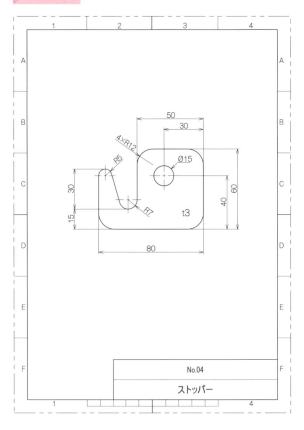

作図部品の形状

この節で学習するCADの機能

[簡易注釈] コマンド
（SIMPLENOTE／
エイリアスなし）

● 機能

1行文字を作成するコマンドです。改行することで一度に複数行を作成できますが、その場合は行ごとに別のエンティティになります。
一方、[注釈] コマンドは単一行の文字ではなく、書式付きの文字ブロックを作成します。アンダーラインや斜体、太字を使いたい場合や、図面中に複数行記入する注記などには [簡易注釈] ではなく [注釈] コマンドを利用します。

● 基本的な使い方

1. [簡易注釈] コマンドを実行する。
2. 必要があれば設定を変更する。
3. 始点を指定する。
4. 文字高さを指定する。
5. 文字角度を指定する。
6. 文字を入力する。

3-4-2 作図の準備

テンプレート「A4_kikai_1.dwt」をもとに図面ファイルを新規作成します。作図オプションなど、詳しくは「3-1-2 作図の準備」P.78〜81にならってください。ただしここでは、図枠の右下に記入する課題番号を「No.04」、部品名を「ストッパー」とします。

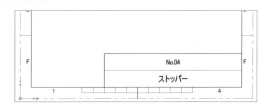

3-4-3 正面図の作図

ストッパーの正面図を作図します。まず線分、次にオフセット線分を作図しましょう。

■ 線分を作図する

作図見本に色付きで示した線分を作図します。

[線分] コマンドでは、始点と「次の点」を指定して1本の直線を作図した後、続けてその線の終点から2本目の線を作図できます。さらに続けて3本目、4本目の線をかくこともできます。

ここではそのようなかき方で、連続した直線を作図します。

1. 練習用ファイル「3-4-3.dwg」を開く（または 3-4-2 で作成した図面ファイルを引き続き使用）。

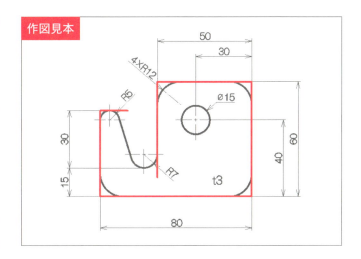

作図見本

2 ［ホーム］タブ ― ［作成］パネル ― ［線分］をクリックする（あるいは「LINE」または「L」と入力して Enter キーを押す）。

3 コマンドウィンドウに「始点を指定」と表示されるので、図に示したあたりをクリックする。

4 コマンドウィンドウに「次の点を指定」と表示されるので、ポインタを左に動かして左方向のガイドを表示する。

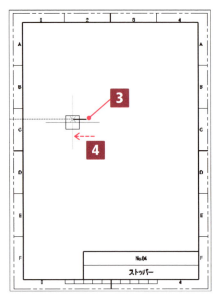

5 左方向の任意の位置をクリックする。

 この線分は後から削除するので、図に示したあたり、だいたいの位置でかまいません。

6 コマンドウィンドウに「次の点を指定」と表示されるので、ポインタを下に動かして下方向のガイドを表示する。「45」と入力し、Enter キーを押す。

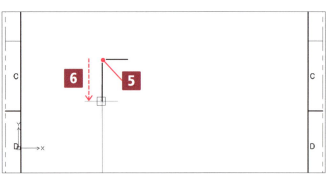

7 手順6と同じ要領で、続けて右方向に80、上方向に60、左方向に50の線をかく。

8 さらに下方向の任意の位置（図に示したあたり）をクリックする。

9 Enter キーまたは Esc キーを押して［線分］コマンドを終了する。

図のような連続した直線が作図されます。

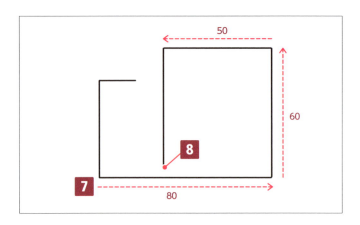

■ **オフセット線分を作図する**

作図見本に色付きで示したように、オフセット線分を作図します。

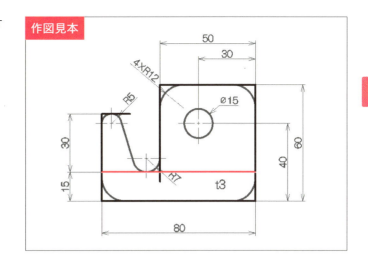

1 [ホーム]タブ ― [修正]パネル ― [オフセット]をクリックする(あるいは「OFFSET」または「O」と入力して Enter キーを押す)。

2 オフセット距離を「15」と入力して Enter キーを押す。

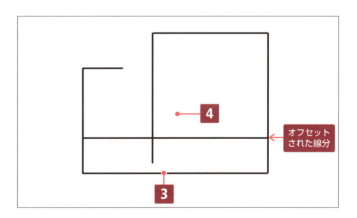

3 「ソースエンティティ」として、下の水平線分をクリックする。

4 「目的点の側」として、線分より上をクリックする。

下の水平線分から上に15の位置にオフセットされた線分が作図されます。

5 Enter キーまたは Esc キーを押して[オフセット]コマンドを終了する。

■ **接円を作図する**

作図見本に色付きで示したように、接円を2つ作図します。

円を作図するためのオプションはいくつかあります（P.169の「Column」を参照）が、ここでは接する2つのエンティティ（この例では線分）と半径を指定して接円を作図します。

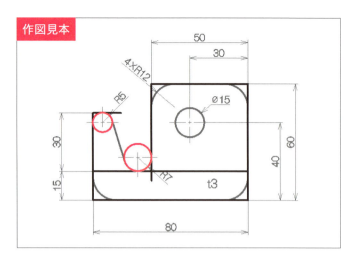

1. ［ホーム］タブ－［作成］パネル－［正接、正接、半径］をクリックして、［円］コマンドの［正接、正接、半径］オプションを実行する。

   HINT ［正接、正接、半径］などのオプションは、［円］アイコン右の［▼］をクリックすると表示されます。

基本の［円］コマンドでは中心点と半径を指定しますが、［正接、正接、半径］では1つ目の正接、2つ目の正接、半径を順に指定します。

2. コマンドウィンドウに「1つ目の正接を指定」と表示されるので、最初にかいた水平線分をクリックする。

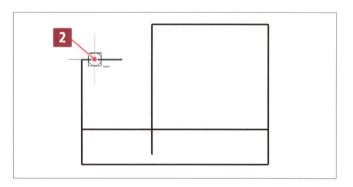

3. コマンドウィンドウに「2つ目の正接を指定」と表示されるので、左の縦線をクリックする。

   HINT 正接として指定する順番は、縦線と横線のどちらが先でも同じ結果になります。

4. コマンドウィンドウに「半径を指定」と表示されるので、「5」と入力して Enter キーを押す。

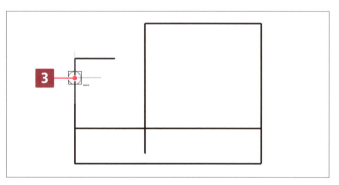

半径5の接円が作図され、[円]コマンドが自動的に終了します。

同じ要領で右下の接円も作図します。

5 Enterキーを押して再び[円]コマンドを実行する。

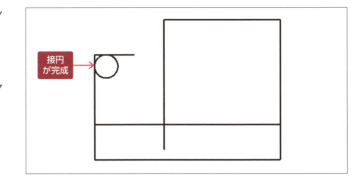

6 「T」と入力してEnterキーを押す。

Enterキーで繰り返すと[正接、正接、半径]を繰り返すのではなく、基本の[円]コマンドが実行されます。ここで「T」と入力してEnterキーを押すことで、[正接、正接、半径]に切り替えることができます。

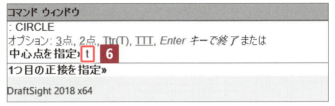

7 縦線の上側をクリックする。

8 横線の左側をクリックする。

9 半径を「7」と入力してEnterキーを押す。

半径7の接円が作図され、[円]コマンドが自動的に終了します。

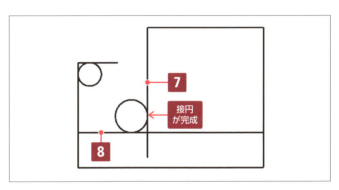

> **Column** コマンドウィンドウから円のオプションを指定する場合
>
> コマンドウィンドウから円のオプションを指定する場合、次の4つのオプションがあります。（ ）内は指定時に入力する文字です。
>
> - **3点（3）**：通過点となる3カ所を指定する。
> - **2点（2）**：直径となる円周上の点を2点指定する。
> - **Ttr（T）**：接する2つのエンティティと半径を指定する。
> - **TTT（TTT）**：接する3つのエンティティを選択する。
>
> なお、Ttrは「Tangent, Tangent, Radius（正接、正接、半径）」、TTTは「Tangent, Tangent, Tangent（正接、正接、正接）」という意味です。DraftSight 2017では[Ttr]オプションは[接、接、半（T）]という表示、[TTT]オプションは[接、接、接（TTT）]という表示になります。
> これらのオプションは、手順1の図に示されたメニュー項目と対応しています。
> メニューの[中心、直径]をコマンドウィンドウから実行するには、基本の[円]コマンドを実行して中心点を指定した後に[直径（D）]オプションを使います。

■ 接線を作図する

作図見本に色付きで示したように、2つの円をつなぐ接線を作図します。

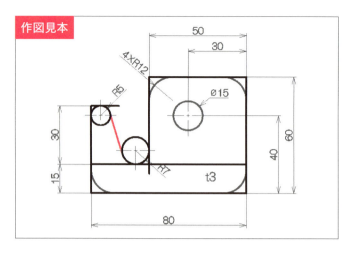

1 P.166の手順2にならって［線分］コマンドを実行する。

ここでは接線をかくために、［正接］のEスナップ上書きを利用します。

2 任意の位置を右クリックする。

3 ショートカットメニューから［Eスナップ上書き］―［正接］を選択する。

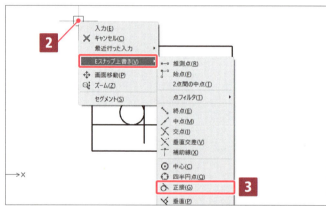

4 上の円の右側にポインタを合わせる。

5 正接のスナップマーカー（［デファード接線］）が表示されるので、そこをクリックする。

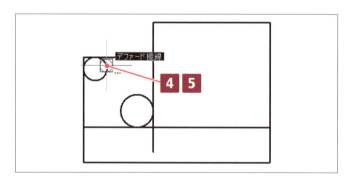

 HINT 円の右側から右上の円周上で正接のスナップマーカーが表示されている位置なら、どこをクリックしてもかまいません。
なお、ここでマーカーが［デファード接線］という表示なのは、暫定の接線である（もう1点を指定しないと、接線の始点と終点が確定しない）ためです。

クリックした円に正接した線分のプレビューが表示され、コマンドウィンドウに「次の点を指定」と表示されます。

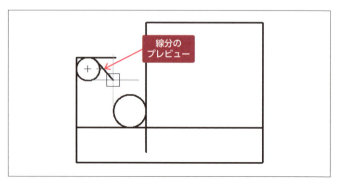

右下の円をクリックする前に、再び[正接]のEスナップ上書きを有効にします。

6 手順2～3にならってショートカットメニューから[Eスナップ上書き]―[正接]を選択する。

7 右下の円の左側にポインタを合わせる。

8 正接のスナップマーカー([デファード接線])が表示されるので、クリックする。

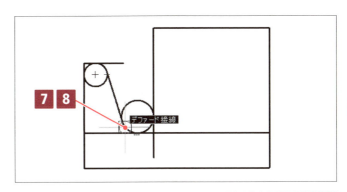

 円の左側の円周上で正接のスナップマーカーが表示されている位置なら、どこをクリックしてもかまいません。

9 Enter キーまたは Esc キーを押して[線分]コマンドを終了する。

それぞれの円に正接する線分(接線)が作図されます。

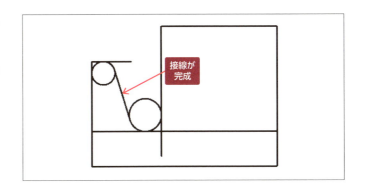

Column 接線について

2つの円どうしをつなぐ接線は図のように4本あります。どの位置に接線が作図されるかは、クリックの位置によって決まります。線分を作図する際は、どちらの終点も正接スナップを使ってクリックします。たとえば図の色付き線の位置に接線をかきたい場合は、左の円の上の任意の位置と、右の円の上の任意の位置をクリックします。図の破線の位置に接線をかきたい場合は、左の円の上方と右の円の下方をクリックします。

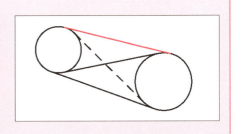

■ 不要な線分をトリムする

不要な線分をトリムなどで削除して、作図見本に色付きで示した状態にします。

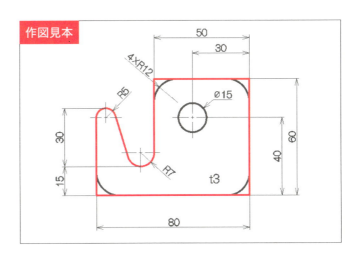

作図見本

1. ［ホーム］タブ ― ［修正］パネル ― ［トリム］をクリックする（あるいは「TRIM」または「TR」と入力してEnterキーを押す）。

> **HINT** ［トリム］は、［パワートリム］アイコン右の［▼］をクリックすると表示されます。

2. 「切り取りエッジ」として、図のように交差選択（右から左に囲む）する。

3. Enterキーを押して選択を確定する。

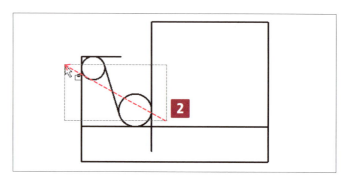

図のように切り取りエッジが指定されます。

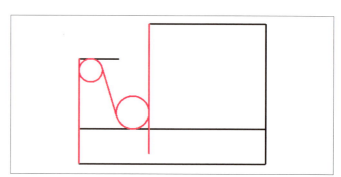

3. 「削除するセグメント」として、削除したい部分（A～D）をクリックする。

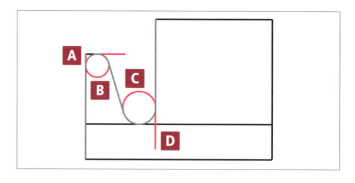

クリックした部分が削除されます。ただし、トリムで削除できない部分が残っているので、［消去（R）］オプションを使って削除します。

4. 「R」と入力してEnterキーを押す。

5 不要な線分（E、F）をクリックして選択する。

6 [Enter]キーを押して選択を確定する。

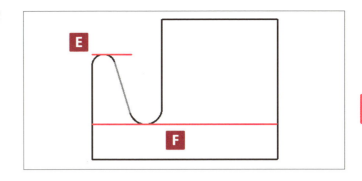

不要な線分をすべて削除できたことを確認します。

7 [Enter]キーまたは[Esc]キーを押して[トリム]コマンドを終了する。

 手順4～7の代わりに、トリムを終了してから不要な線分を選択し、[Delete]キーを押して削除してもかまいません。

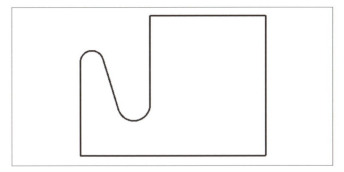

Column　トリムについて

[トリム]は切り取りエッジとして指定したエンティティを境界に、一方または切り取りエッジと切り取りエッジの間を削除するコマンドですが、基本はエンティティをすべて削除するわけではないので、切り取りエッジに対してはみ出した部分がないとトリムはできません。

たとえば図のA、B、Cは、色付きの横線2本を切り取りエッジにして縦の黒線をトリムする例です。上図の□のマークが「削除するセグメント」を指定するときにクリックする位置、数字がクリックする順番です。Aは、上と下のどちらを先にクリックしても同じです。

下図はトリム後の結果です。残った縦線はどれもトリムはできません。削除するには、[トリム]コマンドを実行したまま[消去(R)]オプションを使うか、[トリム]コマンドを終了してから[Delete]キーを使います。

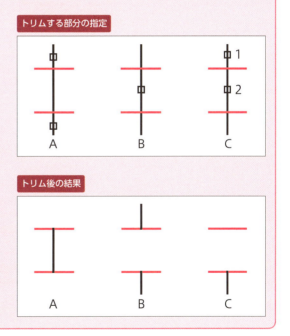

■ 穴部を作図する

作図見本に色付きで示したように、穴部を作図します。

穴の中心の位置を、[始点]のEスナップ上書きを使って指定します。右下の位置（矢印で示した位置）から左に30、上に40の位置を中心にして円をかきます。

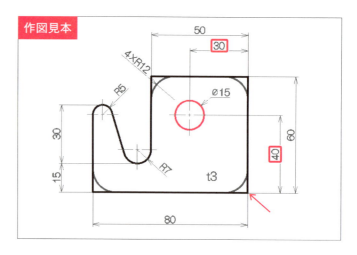

1. [ホーム]タブー[作成]パネル ー [円]をクリックする（あるいは「**CIRCLE**」または「**C**」と入力して Enter キーを押す）。

コマンドウィンドウに「中心点を指定」と表示されますが、円の中心となる位置には目印がありません。相対座標で位置を指定するため、[始点]のEスナップ上書きを利用します。

2. 任意の位置で右クリックする。

3. ショートカットメニューから[Eスナップ上書き]ー[始点]を選択する。

4. コマンドウィンドウに「基点」と表示されるので、右下の角をクリックする。

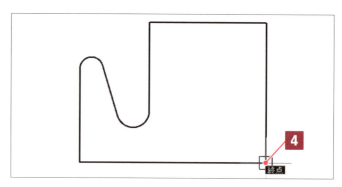

5. コマンドウィンドウに「基点（オフセット）」と表示されるので、オフセット距離として相対座標入力で「**@-30,40**」と入力して Enter キーを押す。

円の中心点の位置が指定した位置に固定され、「半径を指定」と表示されます。

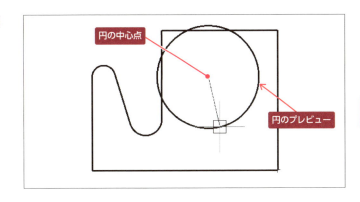

6 半径として「7.5」と入力して[Enter]キーを押す。

半径7.5の円が作図され、[円]コマンドが自動的に終了します。

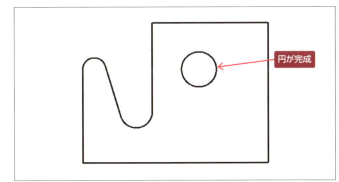

■ 同じ半径のフィレットを複数作図する

作図見本に色付きで示したように、フィレットをかけてコーナーを丸めます。

[フィレット]コマンドの[複数(M)]オプションを使うことで、1つのコーナー処理が終わってもコマンドが自動的に終了せず、続けて行うことができます。

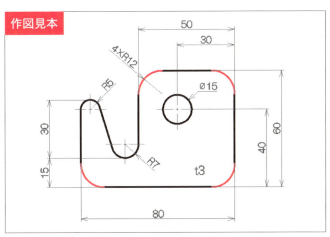

1 [ホーム]タブ −[修正]パネル −[フィレット]をクリックする(あるいは「FILLET」または「F」と入力して[Enter]キーを押す)。

> **HINT** [フィレット]は、[パワートリム]アイコン右の[▼]をクリックすると表示されます。

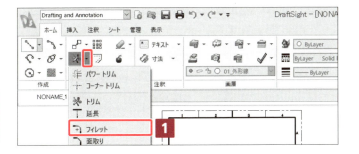

2 コマンドウィンドウでモードが「TRIM」と表示されていることを確認する。

「モード＝TRIM」がデフォルト値です。「モード＝NOTRIM」になっている場合は、「T Enter」と2回入力してトリムモードに戻してください。

コマンドウィンドウに「1つ目のエンティティを指定」と表示されますが、その指定の前に［半径（R）］オプションを使います。

3 「R」と入力して Enter キーを押す。

4 コマンドウィンドウに「半径を指定」と表示されるので、「12」と入力して Enter キーを押す。

ここでは同じ半径のフィレットを複数作図するので、［複数（M）］オプションを使います。

5 「M」と入力して Enter キーを押す。

6 図に示した4カ所の角に対し、P.144の手順5〜6と同じ要領で角を挟む線分を続けてクリックして、フィレットをかける。

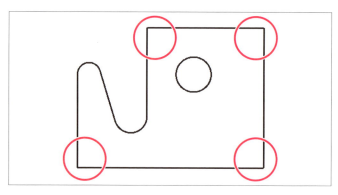

フィレットができあがったら、［フィレット］コマンドを終了します。

7 Enter キーまたは Esc キーを押して［フィレット］コマンドを終了する。

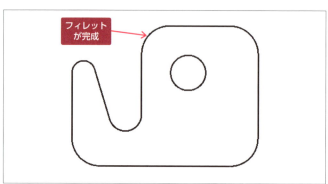

フィレットが完成

■ 十字中心線を挿入し、編集する

作図見本に色付きで示したように、十字中心線を入れます。3-3-3と同様に登録済みのブロックを図面に挿入した後、縦の中心線を2カ所短くします。

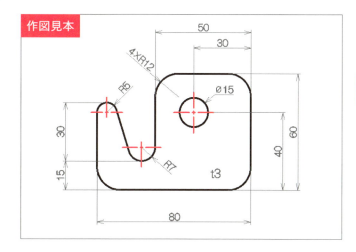

1. [挿入]タブ ― [ブロック]パネル ― [ブロック挿入]をクリックする（あるいは「INSERTBLOCK」または「I」と入力して Enter キーを押す）。

2. [ブロック挿入]ダイアログボックスで、P.147の手順2～5と同様の設定をする。

3. コマンドウィンドウに「目的点を指定」と表示されるので、穴の中心をクリックする。

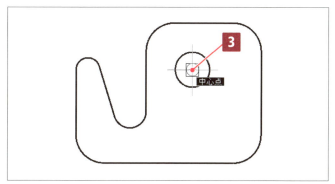

4. コマンドウィンドウに「尺度を指定」と表示されるので、「21」と入力して Enter キーを押す。

> **HINT** 登録してある十字中心線のブロックは、「尺度＝中心線の長さ」になるように作成してあります。この円（穴）の直径が「15」なので、円の上下3ずつはみ出す長さにするために、「15＋3＋3」の長さ「21」を尺度として入力します。

残りの円弧2カ所にも十字中心線を入れます。尺度は「直径＋6」になるように指定します。

5. 左上の円弧の中心に、十字中心線をブロック挿入する。尺度は「16」とする。

6. 下の円弧の中心に、十字中心線をブロック挿入する。尺度は「20」とする。

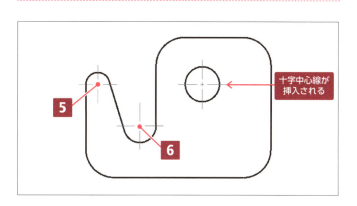

円弧の開いている側に中心線を長くしておく理由がないので、縦の中心線2本をグリップ編集で短くします。

7 左上の円弧の縦の中心線をクリックする。

8 下のグリップをクリックして、グリップが赤くなったら中心線の終点にしたい位置をクリックする。

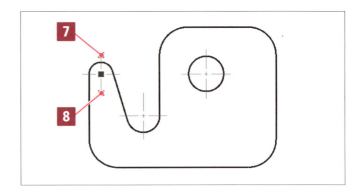

図のように縦の中心線が短くなります。

9 手順7〜8と同じ要領で、右下の円弧の縦の中心線の上も短くする。

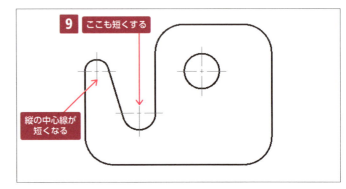

 余分な中心線は必ず短くしなくてはいけないわけではありませんが、必要ないものをなくすことで全体がきれいに見えます。

 ここまでの手順を終えた状態の図面ファイルが、教材データに「3-4-4.dwg」として収録されています。

3-4-4 寸法の記入

ストッパーの正面図に寸法を記入します。

■ 寸法を記入する

作図見本に色付きで示したように、寸法を記入します。

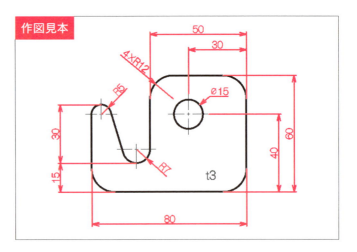

1 練習用ファイル「3-4-4.dwg」を開く（または 3-4-2 で作成した図面ファイルを引き続き使用）。

2 P.99「3-1-5　寸法の記入」を参考に、図の状態まで寸法を記入する。

「R12」の寸法に「4×」という文字を追加します。

3 「R12」の寸法をクリックして選択する。

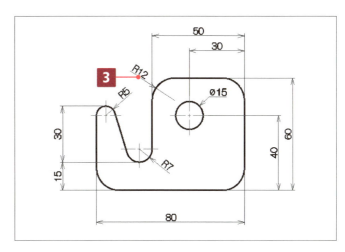

4 プロパティパレットを下にスクロールする。

5 ［文字］項目の［文字上書き］欄に「4×<>」と入力して Enter キーを押す。

「R12」の寸法に「4×」が付いて表示されます。

6 Esc キーを押してエンティティを選択解除する。

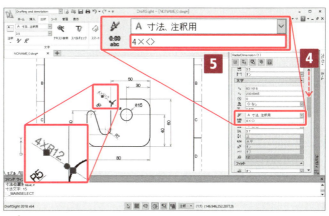

■ 厚みを表す文字を記入する

作図見本に色付きで示したように、厚みを表す文字を記入します。

この節の冒頭で説明したように、図中に厚みを示す指示が記入されていれば側面図は必要ありません。

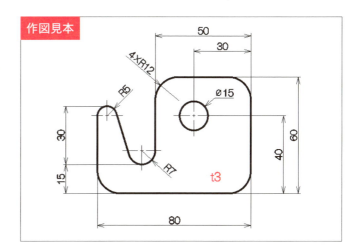

1 ［ホーム］タブ －［画層］パネルで、画層のプルダウンリストから［09_文字］を選択する。

2 ［注釈］タブ ー ［文字］パネル ー ［簡易注釈］をクリックする（または「SIMPLENOTE」と入力して Enter キーを押す）。

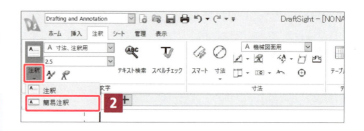

> HINT ［簡易注釈］は、［注釈］アイコン下の［▼］をクリックすると表示されます。

コマンドウィンドウに「始点を指定」と表示されますが、簡易注釈の設定を変更したいので、設定画面を表示します。

3 「E」と入力して Enter キーを押す。

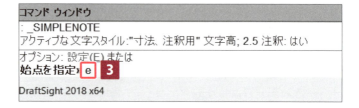

4 ［簡易注釈設定］ダイアログボックスで、［スタイル］として［寸法、注釈用］が選択されていることを確認する。

5 ［シートの文字高］欄に「4.5」と入力する。

6 ［挿入方向］として、［中央］の［中心］を選択する。

7 ［OK］ボタンをクリックする。

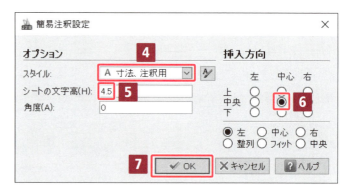

> HINT ［挿入方向］は、上の段（手順6で指定）が挿入する文字列の基点の位置です。
> 線で区切った下は、Enter キーで下に2つ目の文字列を作成したときの文字列のそろえ方です。デフォルトでは［左］が選択されていますが、ここでは2つ目の文字列は作成しないので、どの項目が選択されていてもかまいません。

8 コマンドウィンドウに「位置を指定」と表示されるので、文字を配置したい位置をクリックする。

> HINT 文字を配置するのは任意の位置でかまいませんが、混み合っていない位置（この例の場合は図に示したあたり）がよいでしょう。

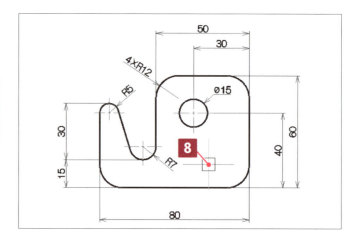

9 入力ポインタが表示されるので、「t3」と入力して Enter キーを押す。

「t3」は、厚みが3という意味です。

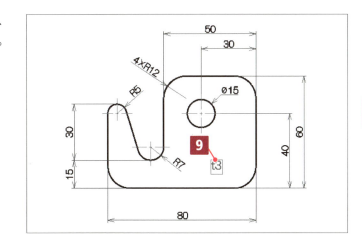

10 下の行にポインタが移るので、再び Enter キーを押して［簡易注釈］コマンドを終了する。

これでフックの図面は完成です。

11 図面ファイルに名前を付けて保存する。

 ここまでの手順を終えた状態の図面ファイルが、教材データに「3-4-6_完成.dwg」として収録されています。

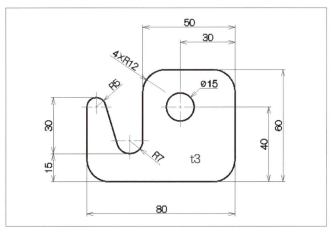

Column　簡易注釈の編集について

簡易注釈として入力した文字を修正するには、文字をダブルクリックして直に入力して修正する方法のほかに、プロパティパレットから修正する方法があります。

修正したい簡易注釈をクリックして選択し、プロパティパレットの［文字］項目の ［内容］欄（図）をクリックして修正できます。

また、簡易注釈の位置を移動するには、文字をクリックして選択し、表示された2つのグリップのいずれかをクリックした後、移動先の位置をクリックします。

文字などを狭い範囲で任意の位置に移動するときは、［円形状］や［Eスナップ］などの作図オプションをオフにしておくと動かしやすいです。

3-4 ストッパーの作図

3-5 留め金の作図

📄 A4_kikai_1.dwt 　📄 3-5-3.dwg 　📄 3-5-4.dwg 　📄 3-5-5.dwg 　📄 3-5-6.dwg

留め金を作図しながら、長さ寸法の回転やスプラインなどのCAD操作、線種の優先順位や製図の基本を学びましょう。

3-5-1 この節で学ぶこと

この節では、次の図のような留め金を作図しながら、以下の内容を学習します。

今回の図面は、一部を切り取った「部分断面図」です。斜めの「27.5」の寸法記入では、中心線と寸法補助線を重ねないようにするため、長さ寸法コマンドの[回転(R)]オプションを使って記入します。

CAD操作の学習
- オフセットの[通過点(T)]オプションを使う
- 楕円を作図する
- スプラインを作図する
- 寸法を記入する
  - ・平行寸法
  - ・長さ寸法を回転
  - ・角度寸法

製図の学習
- かくれ線の省略
- 角度がついた部分へのハッチング角度
- 線種の優先順位
- 寸法数値の位置調整

完成図面

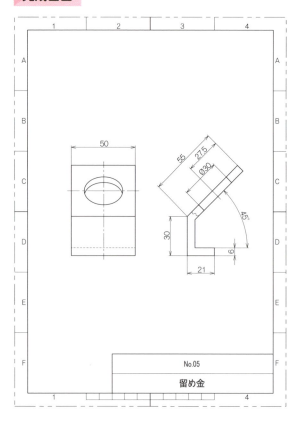

作図部品の形状

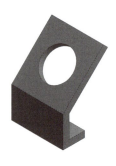

この節で学習するCADの機能

**楕円コマンド
（ELLIPSE／
エイリアス：EL）**

● 機能
円を斜めに見ると楕円になります。その状態をかき表すのが楕円コマンドです。機械製図では、この節の課題に出てくるような穴の表現によく使われます。

● 基本的な使い方
1. 楕円コマンドを実行する。
2. 楕円の中心の位置（または軸の始点）を指定する。
3. 楕円の軸の終点を指定する。
4. 楕円の他の軸の終点を指定する。

**［スプライン］コマンド
（SPLINE／
エイリアス：SPL）**

● 機能
フリーハンドでかいた線のような自由曲線をかくコマンドです。機械製図では、一部を切り取ったと仮定する部分断面図などに使う破断線に用います。

● 基本的な使い方
1. ［スプライン］コマンドを実行する。
2. 曲線が通る点をいくつか指定する。

**長さ寸法コマンドの
［回転（R）］オプション**

● 機能
長さ寸法は「水平や垂直の寸法を記入するときに使う」というイメージがありますが、機械製図では斜めの寸法で使うことも多々あります。使う意味も併せて学習します。

3-5-2 作図の準備

テンプレート「A4_kikai_1.dwt」をもとに図面ファイルを新規作成します。作図オプションなど、詳しくは「3-1-2　作図の準備」P.78〜81にならってください。ただしここでは、図枠の右下に記入する課題番号を「No.05」、部品名を「留め金」とします。

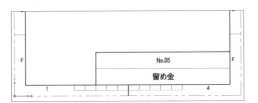

3-5-3 側面図の作図

留め金の側面図を作図します。まず外形、次に穴部を作図しましょう。

■ 外形を作図する

作図見本に色付きで示したように、外形を作図します。

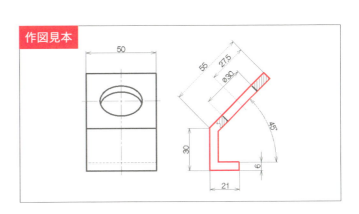

1. 練習用ファイル「3-5-3.dwg」を開く（または 3-5-2 で作成した図面ファイルを引き続き使用）。

2. ［ホーム］タブ ―［作成］パネル ―［ポリライン］をクリックする（あるいは「POLYLINE」または「PL」と入力して Enter キーを押す）。

3. コマンドウィンドウに「始点を指定」と表示されるので、図に示したあたりをクリックする。

4. コマンドウィンドウに「次の頂点を指定」と表示されるので、ポインタを左に動かして左方向のガイドを表示する。

5. 距離を「21」と入力して Enter キーを押す。

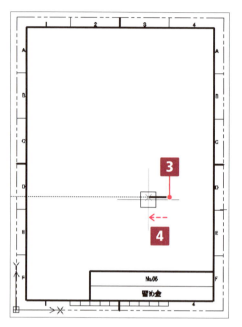

6. 手順4〜5と同じ要領で、上方向に30、45°の方向に55の線をかく。

> **HINT** バージョンによっては、手順通りの方法で45°の線をかけない場合があります。その場合は、代わりに「@55<45」と入力して Enter キーを押してください（座標入力の方法については、P.54「2-7-2　絶対座標入力と相対座標入力」を参照）。

7. Enter キーまたは Esc キーを押して［ポリライン］コマンドを終了する。

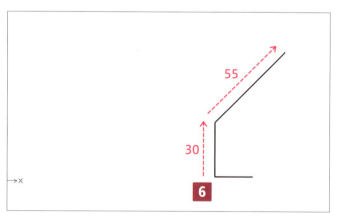

ポリラインができたので、続けてそれを内側にオフセットします。

8. ［ホーム］タブ ―［修正］パネル ―［オフセット］をクリックする（あるいは「OFFSET」または「O」と入力して Enter キーを押す）。

9. コマンドウィンドウに「距離を指定」と表示されるので、「6」と入力して Enter キーを押す。

10 「ソースエンティティ」として、ポリラインをクリックして選択する。

11 「目的点の側」として、ポリラインの右側をクリックする。

12 [Enter]キーまたは[Esc]キーを押して[オフセット]コマンドを終了する。

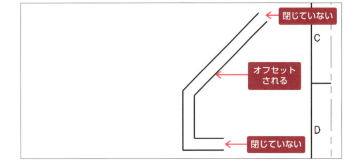

これでポリラインがオフセットされました。ポリラインの両端を閉じて外形を完成させます。

13 [ホーム]タブ ― [作成]パネル ― [線分]をクリックする(あるいは「LINE」または「L」と入力して[Enter]キーを押す)。

14 始点と次の点をクリックで指定してポリラインの終点間をつなぐ線分をかき、[Enter]キーまたは[Esc]キーを押して[線分]コマンドを終了する。

15 [Enter]キーを押して再び[線分]コマンドを実行し、手順14と同じ要領で残りの終点間を線分でつなぐ。

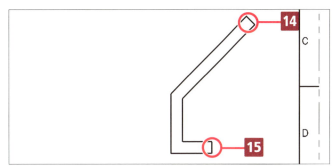

■ 穴部を作図する

作図見本に色付きで示したように、穴部を作図します。

[オフセット]コマンドを使って3本の線分を作図しましょう。まず穴の中心線とする線分を作図します。

1 P.184の手順8にならって[オフセット]コマンドを実行する。

2 オフセット距離として「27.5」と入力して[Enter]キーを押す。

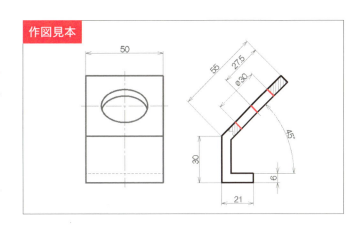

3 「ソースエンティティ」として、右上の線分をクリックする。

4 「目的点の側」として、左下側をクリックする。

1本目の線分が完成します。

5 Enterキーまたは Escキーを押して[オフセット]コマンドを終了する。

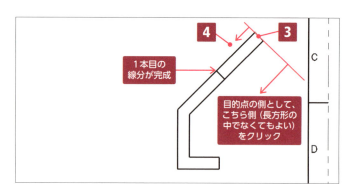

次に、直前に作図した線分を右上と左下に同じ距離、オフセットします。

6 再び[オフセット]コマンドを実行し、オフセット距離として「15」と入力してEnterキーを押す。「ソースエンティティ」として図に示した線分をクリックし、「目的点の側」として右上側をクリックする。

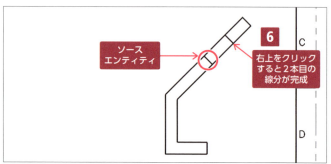

2本目の線分が完成します。

7 コマンドを終了せずに「ソースエンティティ」として図に示した線分をクリックし、「目的点の側」として左下側をクリックする。

3本目の線分が完成します。

8 [オフセット]コマンドを終了する。

 同じ距離のオフセットは、ソースエンティティが別の場合もコマンドを終了せずに続けて行えます。

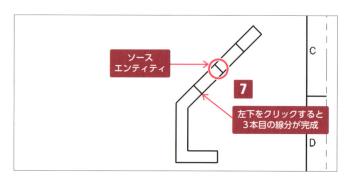

 ここまでの手順を終えた状態の図面ファイルが、教材データに「3-5-4.dwg」として収録されています。

これで穴部は完成です。側面図はまだ完成していませんが、ここでいったん正面図の作図に進みます。

3-5-4　正面図の作図

留め金の正面図を作図します。まず基準になる線分、次に横線を作図しましょう。

■ 基準になる線分を作図する

作図見本に色付きで示したように、基準になる線分を作図します。

側面図と高さをそろえるので、側面図の下の角からEトラックを使って長さ50の線分をかくようにします。

1. 練習用ファイル「3-5-4.dwg」を開く（または 3-2-2 で作成した図面ファイルを引き続き使用）。

2. P.185の手順 13 にならって［線分］コマンドを実行する。

3. 側面図の下の角にポインタを合わせる（クリックはしない）。

4. 水平のガイドが表示されるので、始点として左の任意の位置をクリックする。

 側面図との距離は任意ですが、寸法を記入できるスペースを空けます。

5. コマンドウィンドウに「次の点を指定」と表示されるので、ポインタを左に動かして左方向のガイドを表示する。

6. 距離を「50」と入力して Enter キーを押す。

7. Enter キーまたは Esc キーを押して［線分］コマンドを終了する。

長さ 50 の線分が作図されます。

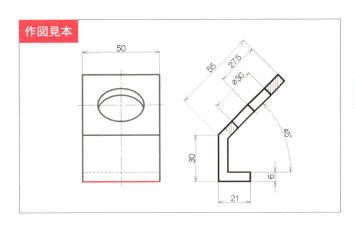

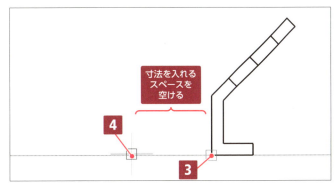

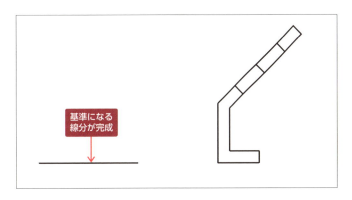

■ 横線を連続オフセットで作図する

作図見本に色付きで示したように、横線を作図します。

ここでは［オフセット］コマンドの［通過点（T）］オプションと［複数（M）］オプションを使って、連続オフセットで作図します。

1. P.184の手順 9 にならって［オフセット］コマンドを実行する。

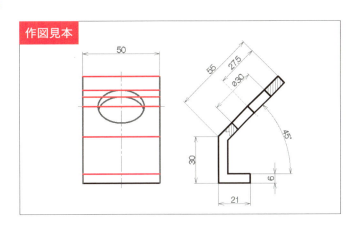

コマンドウィンドウに「距離を指定」と表示されますが、指定せずに［通過点（T）］オプションを実行します。

2 「T」と入力して Enter キーを押す。

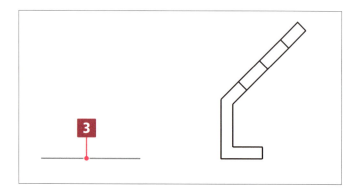

3 コマンドウィンドウに「ソースエンティティを指定」と表示されるので、直前の手順でかいた基準となる線分をクリックする。

コマンドウィンドウに「通過点を指定」と表示されますが、続けて複数オフセットさせたいので、［複数（M）］オプションを実行します。

4 「M」と入力して Enter キーを押す。

5 図に示した位置をクリックする。

線分がオフセットされます。続けて残りの線分もオフセットで作図します。

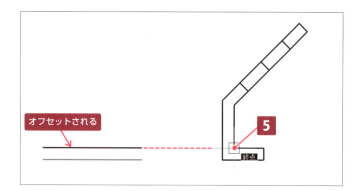

6 図に示した5カ所の点をクリックする。

計6本の線分がオフセットされます。

7 Enter キーまたは Esc キーを押して［オフセット］コマンドを終了する。

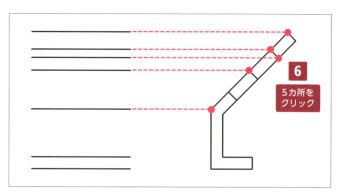

■ 縦線を作図する

作図見本に色付きで示したように、縦線を作図します（[線分]コマンドの使い方は、P.185の手順13〜14を参照）。

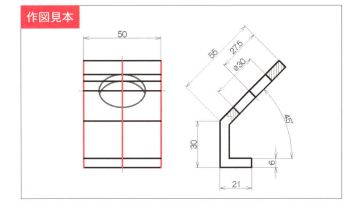
作図見本

1 [線分]コマンドを実行し、一番上の横線の左終点と、一番下の横線の左終点を結ぶ線分を作図して、コマンドを終了する。

2 同じ要領で、一番上の横線の右終点と、一番下の横線の右終点を結ぶ線分を作図する。

3 同じ要領で、一番上の横線の中点と、一番下の横線の中点を結ぶ縦線を作図する。

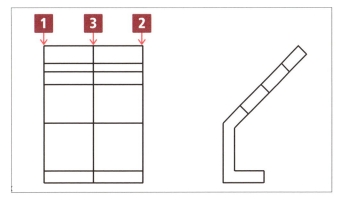

■ 楕円を作図する

作図見本に色付きで示したように、楕円を作図します。

1 [ホーム]タブ ー [作成]パネル ー [中心]をクリックして、楕円コマンドの[中心]オプションを実行する。

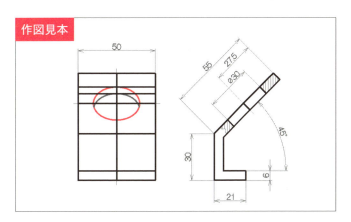
作図見本

 HINT リボン上のアイコンや、アイコンの[▼]をクリックしたときに表示される関連コマンドには[楕円]がありませんが、図の[中心][軸、終点][楕円弧]というメニュー項目が楕円コマンドのオプション名を表しているので、これらの項目をクリックすることで楕円コマンドを実行できます。
「**ELLIPSE**」または「**EL**」と入力して楕円コマンドを実行した場合は、[軸、終点]オプションが使用されます。
なお、クラシックユーザーインターフェース(P.38参照)に切り替えると、[作成]メニューの中に[楕円]があります。

3-5 留め金の作図

189

2 コマンドウィンドウに「中心点を指定」と表示されるので、楕円の中心として指定する位置をクリックする。

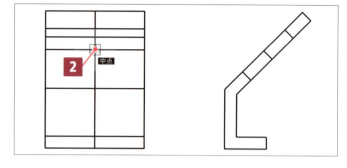

3 コマンドウィンドウに「軸の終点を指定」と表示されるので、楕円の上の位置を示す横線の中点をクリックする。

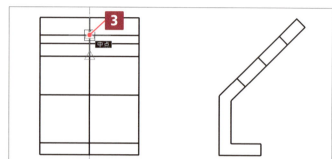

4 コマンドウィンドウに「他の軸の終点を指定」と表示されるので、穴の半径である「15」と入力して[Enter]キーを押す（このとき、ポインタはどこにあってもよい）。

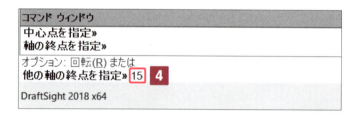

楕円が作図され、楕円コマンドが自動的に終了します。

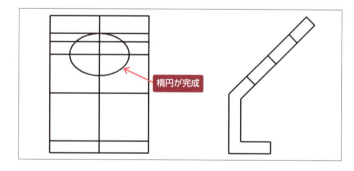

■ 奥側に見える穴の縁を作図する

作図見本に色付きで示したように、奥側に見える穴の縁を作図します。

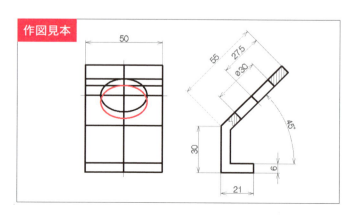

直前の手順でかいた楕円をコピーします。

1 コマンド中でないことを確認し、コピーする楕円をクリックして選択する。

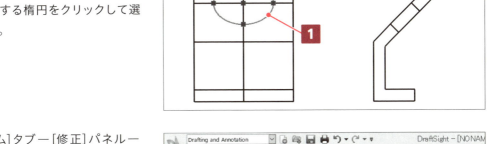

2 ［ホーム］タブ−［修正］パネル−［コピー］をクリックする（あるいは「COPY」または「CO」と入力して Enter キーを押す）。

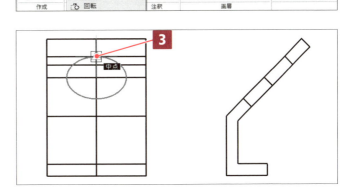

3 コマンドウィンドウに「始点を指定」と表示されるので、楕円の上の四半円点をクリックする。

 HINT 楕円の四半円点と横線の中点が同じ位置にあるため、スナップマーカーは［四半円点］でなく［中点］になることもあります。

4 コマンドウィンドウに「2つ目の点を指定」と表示されて、ポインタに楕円のプレビューが一緒についてくるので、1段下の横の中点をクリックする。

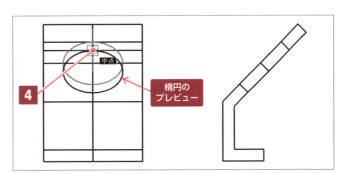

5 Enter キーまたは Esc キーを押して［コピー］コマンドを終了する。

図のプレビューの位置に楕円がコピーされます。

■ 楕円をトリムする

作図見本に色付きで示したように、楕円をトリムします。

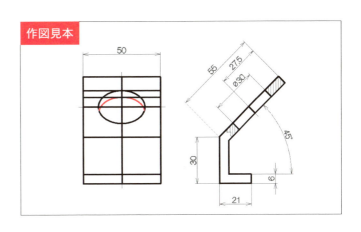

1. ［ホーム］タブー［修正］パネルー［トリム］をクリックする（あるいは「TRIM」または「TR」と入力して[Enter]キーを押す）。

 ［トリム］は、［パワートリム］アイコン右の［▼］をクリックすると表示されます。

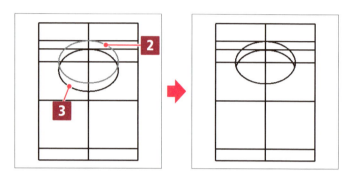

2. 「切り取りエッジ」として、上の楕円をクリックして選択し、[Enter]キーを押して確定する。

3. 「削除するセグメント」として、下の楕円の下側をクリックする。

指定した部分が削除されます。

4. [Enter]キーまたは[Esc]キーを押して［トリム］コマンドを終了する。

■ 不要な線分を削除する

楕円の作図の目印に使った線分2本（作図見本中の色付きで示した線分）は、もう必要ないので削除します。

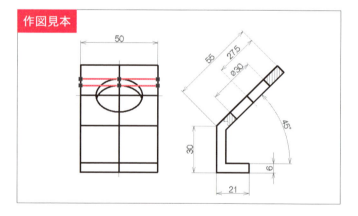

1. 不要な線分2本をクリックして選択する。

2. [Delete]キーを押す。

選択した線分が削除されます。

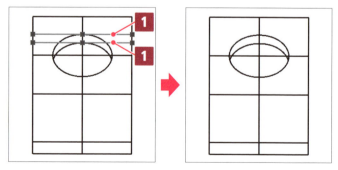

■ 中心線を整える

作図見本に色付きで示したように、中心線を整えます。

具体的には、画層を変更したうえで、中心線の両端を3ずつ伸ばします。

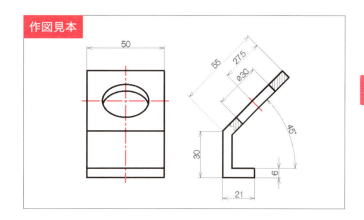

1 画層を変更する中心線を3本クリックして選択する。

2 ［ホーム］タブ ー ［画層］パネルで、画層のプルダウンリストから［04_中心線］を選択する。

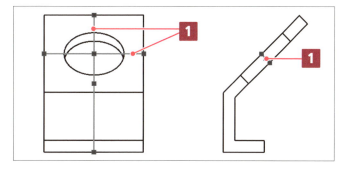

中心線が細い鎖線に変わります。

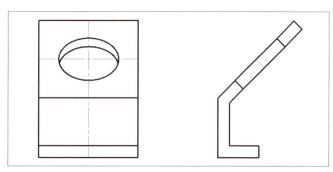

3 ［ホーム］タブ ー ［修正］パネル ー ［長さ変更］をクリックする（あるいは「EDITLENGTH」または「LEN」と入力して Enter キーを押す）。

HINT ［長さ変更］は、［パワートリム］アイコン右の［▼］をクリックすると表示されます。

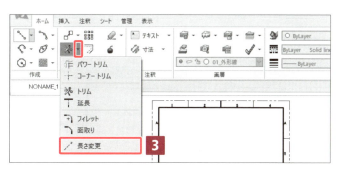

4 ［増分(I)］オプションを使うので「I」と入力し、Enter キーを押す。

5 増分として伸ばしたい数値（ここでは「3」）を入力し、Enter キーを押す。

6. 線分の伸ばしたい側をクリックして選択する。

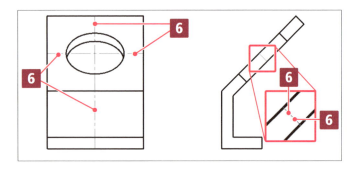

クリックした側がそれぞれ3伸びます。

7. [Enter]キーまたは[Esc]キーを押して[長さ変更]コマンドを終了する。

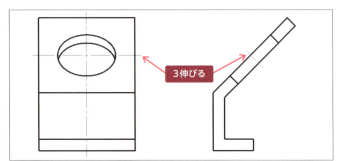

■ 厚みの部分の画層を変更する

厚みの部分（作図見本中の色付きの破線）の画層を変更します。

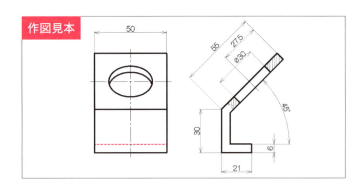

1. 底辺の厚みを表す線分をクリックして選択する。

2. ［ホーム］タブ－［画層］パネルで、画層のプルダウンリストから［03_かくれ線］を選択する。

線分が細い破線に変わります。

 ここまでの手順を終えた状態の図面ファイルが、教材データに「3-5-5.dwg」として収録されています。

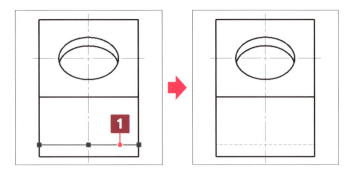

Column　かくれ線の省略について

一部のCAD資格の実技試験などでは「かくれ線をすべてかくこと」としているものもありますが、機械製図の規格では「かくれ線は、理解を妨げない場合には、これを省略する」となっています。
「理解を妨げるか妨げないか」の判断は製図者に委ねられる部分ですが、初心者のうちは省略してよいか悪いかの判断が難しく、かくれ線をかき込みすぎる傾向にあります。まずは自分が図面を見る立場になって、「このかくれ線は省いても形状がわかるかどうか」と「省略しないほうが形状を理解しやすいかどうか」を基準に判断していくとよいでしょう。

3-5-5 断面部の作図

留め金の断面部を作図します。

■ 断面部分を作図する

作図見本に色付きで示したように、断面部分を作図します。

ここでかくのは一部を切り取った「部分断面図」なので、破断線によって断面と断面でない部分の境界を示します。この破断線の破線をかくためには、[スプライン]コマンドを使います。スプラインでは、指定した点を通る滑らかな曲線を作図できます。

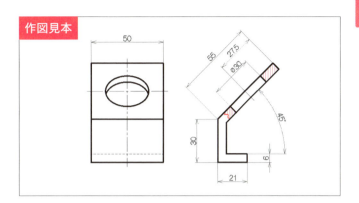

1 練習用ファイル「3-5-5.dwg」を開く(または 3-5-2 で作成した図面ファイルを引き続き使用)。

2 [ホーム]タブ ―[作成]パネル ―[スプライン]をクリックする(あるいは「SPLINE」または「SPL」と入力して Enter キーを押す)。

 [スプライン]は、[中心]アイコン右の[▼]をクリックすると表示されます。

コマンドウィンドウに「最初のフィット点を指定」と表示されますが、ここでは破断線をかくために、[近接点]のEスナップ上書きを使います。

3 Ctrl キーを押しながら任意の位置を右クリックする。

4 ショートカットメニューから[近接点]を選択する。

5 図に示したあたり(上の斜辺)にポインタを合わせ、[近接点]のマーカーが表示されたらクリックする。

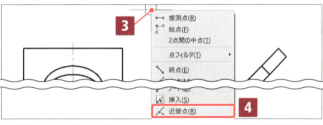

⚠ 注意 通常、右クリックしてショートカットメニューから[Eスナップ上書き]を選択する方法と、Ctrl キーを押しながら右クリックしてじかにEスナップ上書きのメニューを表示する方法のどちらも使えます(P.67の「HINT」参照)。しかし、ここでは Ctrl キーを押す方法しか使えません。

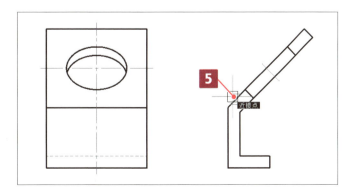

コマンドウィンドウに「次のフィット点を指定」と表示されますが、間隔が狭くてクリックしづらいので、画面を拡大して作業します。作図オプションをオフにすると、作業しやすいです。

6 マウスのホイールボタンを前方に回転して、図のあたりを拡大表示する。

7 図に示したように、下の斜辺との間に3点ほど左右にジグザグにクリックして、終点として下の斜辺上をクリックする。

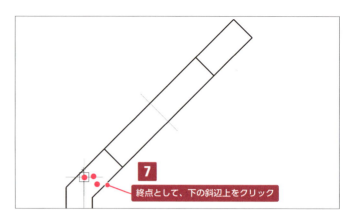

> 斜辺上がうまく指定できない場合は、再び［近接点］の E スナップ上書きを使ってみましょう。

8 Enterキーを3回押して［スプライン］コマンドを終了する。

波状の破断線が作図されます。続いてハッチングを記入します。

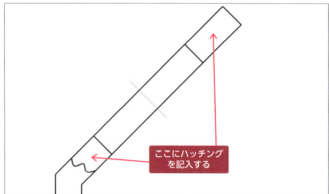

> 手順2〜8で作図したスプラインと斜辺にすきまが空いていると、ハッチングが正しく作図できません。

9 ［ホーム］タブ ー［作成］パネル ー［ハッチング...］をクリックする（あるいは「HATCH」または「H」と入力してEnterキーを押す）。

［ハッチング/塗り潰し］ダイアログボックスが表示されます。

10 ［パターン］から［ANSI31］が選択されていることを確認する。

11 ［角度］を「45」に設定する。

12 ［尺度］を「1」に設定する。

> 機械製図では主に「ANSI31」のような等間隔斜線のパターンを使用し、必要に応じて角度や尺度を変えて配置します（詳しくはP.198の「Column」を参照）。

13 ［点を指定］ボタンをクリックする。

[点を指定]ボタンをクリックすると、ダイアログボックスはいったん消えます。

14 コマンドウィンドウに「内部の点を指定」と表示されるので、ハッチングを記入したい領域内をクリックし、Enterキーを押す。

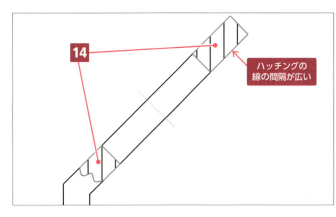

> DraftSight 2018では、点を指定しただけでプレビューが表示されるようになりました。DraftSight 2017の場合は、この後、ダイアログボックスに戻ってから[プレビュー]ボタンをクリックしないとプレビューが表示されません。

ダイアログボックスが再び表示されます。プレビューでハッチングの線どうしの間隔が少し広かったので、尺度を変更します。

15 [尺度]を「0.5」に変更する。

16 左下にある[プレビュー]ボタン（P.196の図を参照）をクリックして、プレビューで線の間隔が狭くなったことを確認する。

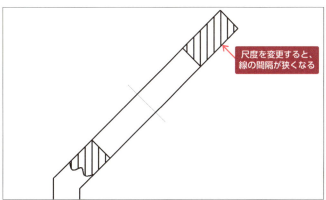

17 Enterキーを押して[ハッチング]コマンドを終了する。

最後にハッチングと破断線の画層を変更します。

18 ハッチングと破断線をクリックして選択する。

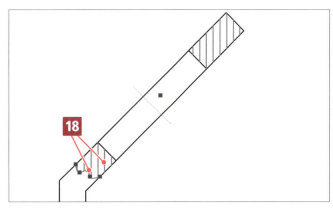

> 2カ所あるハッチング領域の一方をクリックするだけで、両方のハッチング領域を選択できます。

19 [ホーム]タブ－[画層]パネルで、画層のプルダウンリストから[02_細線]を選択する。

20 Escキーを押してエンティティを選択解除する。

これで断面図は完成です。

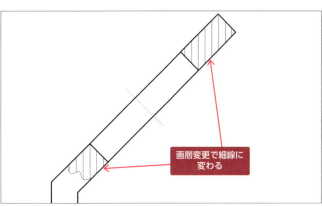

> ここまでの手順を終えた状態の図面ファイルが、教材データに「3-5-6.dwg」として収録されています。

Column ハッチングについて

JISの「製図規定」では、「ハッチングはなるべく単純な形がよい」とされています。さらに細分化された JIS の「CAD機械製図規定」では、次のように定められています。

a) ハッチングは、主たる中心線に対して、細い実線を施す。その角度は、45°、30°、75°の順で選ぶのがよい。ただし、材料を区別するなどの特別な場合には、別の線を施すことができる。

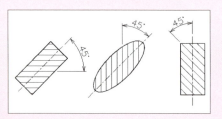

b) 同じ断面上に現れる同一の部品の切り口には、同一のハッチングを施す。

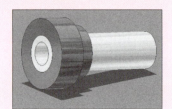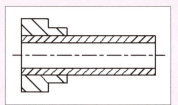

c) 階段上の各段に現れる切り口を区別する必要がある場合には、ハッチングをずらすことができる。

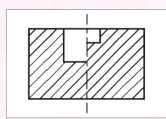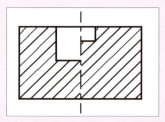

このため、機械製図では主にANSI31のような等間隔斜線のタイプを使用し、必要に応じて角度や尺度を変えて配置します。
a) の「主たる中心線に対して45°」が基準になるため、この項でかいた断面部でも斜めの部分に入れるハッチングを 45°からさらに 45°傾け、垂直のハッチングとしました。

3-5-6 寸法の記入

留め金の側面図と正面図に寸法を記入します。

■ 画層を変更する

寸法をかくための画層に切り替えます。

1 練習用ファイル「3-5-6.dwg」を開く（または 3-5-2 で作成した図面ファイルを引き続き使用）。

2 ［ホーム］タブ －［画層］パネルで、画層のプルダウンリストから［08_寸法］を選択する。

■ 長さ寸法を記入する

作図見本に色付きで示したように、長さ寸法を記入します。

ここでは通常の長さ寸法を記入します。なお、[回転（R）] オプションを使った長さ寸法の記入は、P.200～で行います。

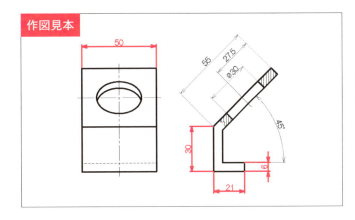

1 「3-1-5　寸法の記入」の「長さ寸法を記入する」（P.100）を参考に、図の状態まで長さ寸法を記入する。

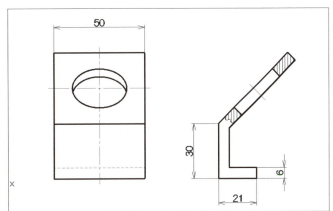

■ 平行寸法を記入する

作図見本に色付きで示したように、平行寸法を記入します。

長さ寸法：起点として指定した2点間の水平、垂直、または指定した角度方向に寸法を入れます。

平行寸法：起点として指定した2点間に平行に寸法を入れます。

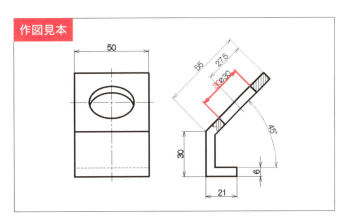

1 [注釈] タブ －[寸法] パネル －[平行] をクリックして平行寸法コマンドを実行する（あるいは「PARALLELDIMENSION」または「DAL」と入力して Enter キーを押す）。

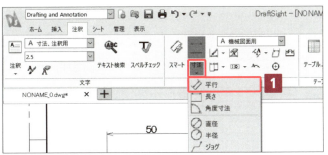

2 コマンドウィンドウに「1本目の補助線を指定」と表示されるので、穴の線分終点をクリックする。

3 コマンドウィンドウに「2本目の補助線を指定」と表示されるので、穴のもう一方の線分終点をクリックする。

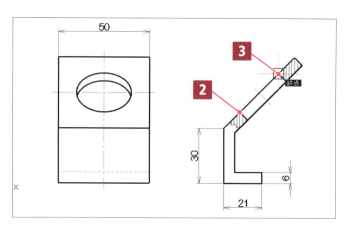

4 コマンドウィンドウに「寸法線の位置を指定」と表示されるので、斜辺の上（図に示したあたり）をクリックする。

「30」の寸法が記入され、平行寸法コマンドが自動的に終了します。

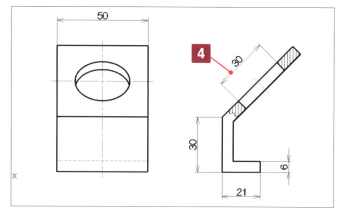

■ 長さ寸法コマンドの［回転（R）］オプションを使用する

長さ寸法コマンドの［回転（R）］オプションを使用して、作図見本に色付きで示したように寸法を記入します。

直前の手順で行ったように平行寸法を使ってもよさそうに思えますが、ここでは長さ寸法コマンドの［回転（R）］オプションを使うことに意味があります（詳しくはP.202の「Column」を参照）。

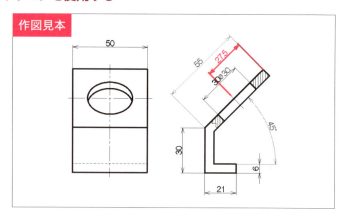

1 ［ホーム］タブ －［注釈］パネル －［長さ］をクリックして長さ寸法コマンドを実行する（あるいは「LINEARDIMENSION」または「DLI」と入力して Enter キーを押す）。

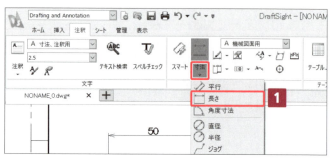

💡HINT ［長さ］は、［寸法］アイコン下の［▼］をクリックすると表示されます。

2 1本目の補助線として、斜辺の頂点をクリックする。

3 2本目の補助線として、中心線の上の終点をクリックする。

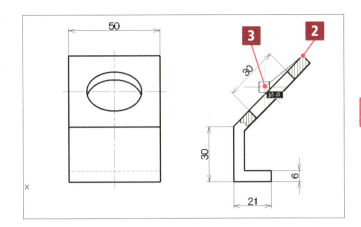

水平か垂直の方向にしか寸法のプレビューが表示されないので、[回転(R)] オプションを使って回転させます。

4 「R」と入力して Enter キーを押す。

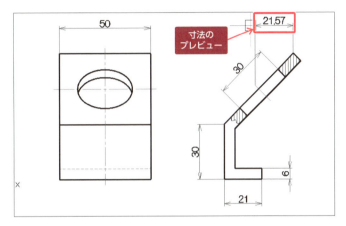

コマンドウィンドウに「寸法線の回転を指定」と表示されます。

5 斜辺上の2点をクリックして指定する。

 クリックする2点は、斜辺上であればどこでもかまいません。

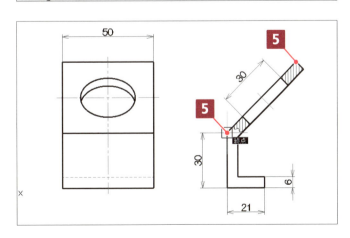

6 斜辺と平行な寸法線に切り替わるので、「30」の寸法より上をクリックして寸法位置を指定する。

「27.5」の寸法が記入され、長さ寸法コマンドが自動的に終了します。

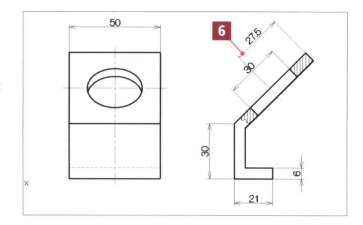

> **Column** 長さ寸法コマンドの［回転（R）］オプションを使う意味について

JIS製図の規定では、線をかくときの線種の優先順位が
外形線＞かくれ線＞切断線＞中心線＞重心線＞寸法補助線
のように決まっています。
そのため、基本的に線は重ねないようにかきます。特に優先順位が低いものを高いものに重ねてはいけません。
ここで、「長さ寸法コマンドの［回転（R）］オプション」を使った理由は、中心線と寸法補助線が重ならないようにするためです。
平行寸法コマンドで寸法を入れる場合、図に示した点の位置を寸法の基点にすることになりますが、そうすると寸法補助線と中心線が重なってしまいます（色付きの部分）。

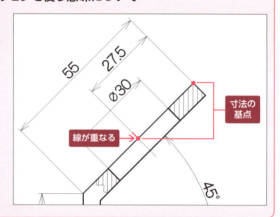

> **Column** ［回転（R）］オプションを利用した長さ寸法と平行寸法のその他の違い

［回転（R）］オプションを利用した長さ寸法は、回転指定した2点に平行の寸法を作成します。平行寸法は、距離として指定した2点と平行の寸法を作成します。次の図の例では、寸法作成時の見た目は同じですが、長方形の右上の角を矢印の方向にストレッチしてみると、それぞれの寸法での違いが確認できます。

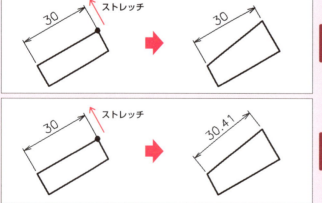

長さ寸法コマンドの［回転（R）］オプション
ストレッチ後も、最初に指定した角度が守られ、寸法線角度は変わらない。

平行寸法コマンド
ストレッチ後は、最初に指定した2点に追従し、寸法線角度も変わる。

機械部品図面では斜辺への寸法記入の場合、「辺の長さを指示する」というよりも「対辺の距離を指示する」ということが多いので、長さ寸法コマンドの［回転（R）］オプションをよく使います。

■ **並列寸法を記入する**

作図見本に色付きで示したように、並列寸法を記入します。

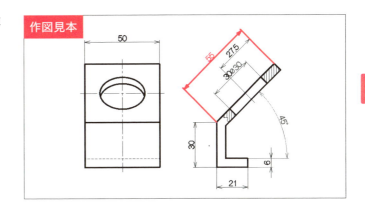

1. [注釈]タブ－[寸法]パネル－[並列]をクリックして並列寸法コマンドを実行する（または「BASELINEDIMENSION」と入力して Enter キーを押す）。

 [並列]は、[継続]（DraftSight 2017では[直列]）寸法アイコン右の[▼]をクリックすると表示されます。

2. 並列寸法が正しい位置（右上の角）から出ていることを確認する。

 並列寸法が間違った位置から出ている場合は、正しい位置に直します。P.105の手順2〜3を参考に正しい位置（ベース寸法）を指定してから、以下の手順に進んでください。

3. 斜辺の下の角をクリックする。

4. Esc キーを押して並列寸法コマンドを終了する。

並列寸法が記入されます。

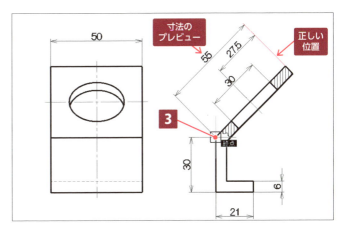

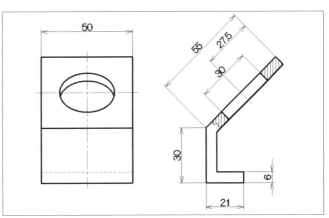

3-5 留め金の作図

■ **角度寸法を記入する**

作図見本に色付きで示したように、角度寸法を記入します。

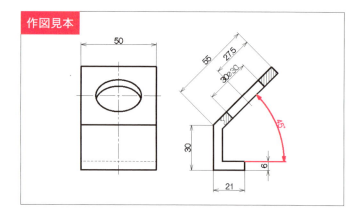

1　[注釈]タブ－[寸法]パネル－[角度寸法]をクリックして角度寸法コマンドを実行する(あるいは「ANGLEDIMENSION」または「DAN」と入力して[Enter]キーを押す)。

> [角度寸法]は、[寸法]アイコン下の[▼]をクリックすると表示されます。

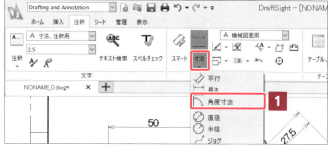

2　コマンドウィンドウに「エンティティを指定」と表示されるので、底辺の上の線分と斜辺の下の線分をクリックする(クリックの順番は問わない)。

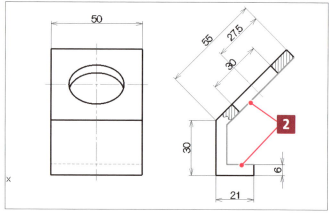

3　コマンドウィンドウに「寸法位置を指定」と表示され、ポインタに角度寸法のプレビューが一緒についてくるので、配置位置をクリックする。

角度寸法が記入され、角度寸法コマンドが自動的に終了します。

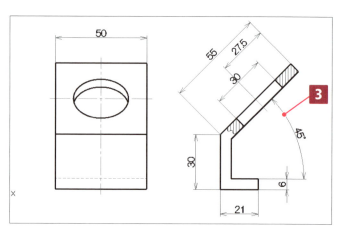

■ **寸法数値の位置を整えて寸法を仕上げる**

作図見本に色付きで示したように、寸法数値の位置を整え、直径記号「φ」を付けて寸法を仕上げます。

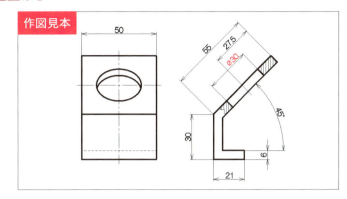

1. 穴の「30」の寸法をクリックして、表示された数字上のグリップをクリックする。

   グリップが赤くなり、ポインタを動かすと数字が一緒についてきます。

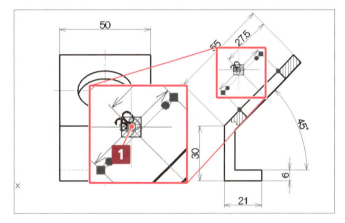

2. 「27.5」の寸法の寸法補助線に重ならない位置に数字を移動してクリックする。

   HINT [F3]キーを押してEスナップをオフにすると、移動時に近くのスナップ位置に吸着しないので動かしやすいです。

3. [Esc]キーを押して寸法を選択解除する。

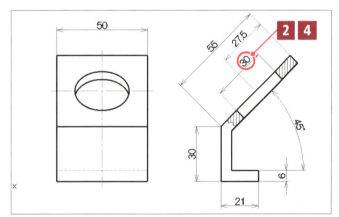

最後に、穴の寸法に直径記号「φ」を付けます。

4. 「30」の寸法をクリックして選択する。

5. プロパティパレットで[文字]項目の[文字上書き]欄に「%%C<>」と半角で入力して[Enter]キーを押す。

6. [Esc]キーを押して寸法を選択解除する。

3-5 留め金の作図

「30」の寸法表示が「φ30」に変わったことを確認します。

これで留め金の図面は完成です。

7 図面ファイルに名前を付けて保存する。

 ここまでの手順を終えた状態の図面ファイルが、教材データに「3-5-6_完成.dwg」として収録されています。

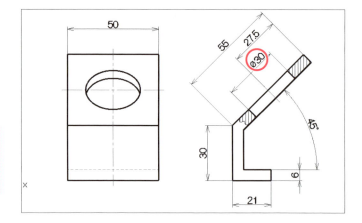

第4章

機械要素の図面を作図する

この章では第3章に引き続き、JIS製図規格に則って作図練習を行います。
ここで作例としている「パッキン」「歯車」「六角ボルト」は「機械要素」と呼ばれており、ほかの機械部品とは分けて考えられています。「機械部品」が機械を構成している、広い意味での部品を指すのに対し、「機械要素」はその中でいちばん階層の低い単品で、主に標準部品のことを指します。

4-1　パッキンの作図
4-2　歯車の作図
4-3　六角ボルトの作図

4-1 パッキンの作図

📄 A4-Draftsight練習用.dwt 📄 4-1-3.dwg 📄 4-1-4.dwg

簡単なパッキンを作図しながら、面取りした四角形の作成や配列複写などのCAD操作、および規則的に複数並んだ要素の寸法の入れ方などの製図知識を学びましょう。この章では、学習済みのコマンドは実行手順を簡略化している（単に「[○○]コマンドを実行する」のように記載）ので、コマンドの使い方を覚えているか復習しながら操作してみてください。

4-1-1 この節で学ぶこと

「パッキン」は「ガスケット」や「シール」とも呼ばれ、部品と部品の接続部などに挟んで気体や液体の漏れを防ぐ機械要素です。

この節では、次の図のような簡単なパッキンを作図しながら、以下の内容を学習します。

CAD操作の学習
- 面取りした四角形を作図する
- エンティティを配列複写する
- ポリラインに一括でフィレットをかける
- 引出線付きの注釈を記入する

製図の学習
- 規則的に複数並んだ要素の寸法の入れ方

完成図面

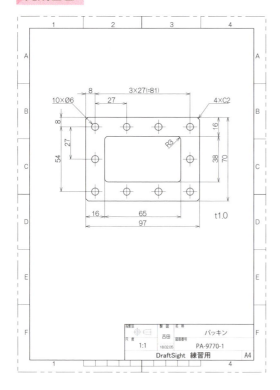

作図部品の形状

この節で学習するCADの機能

［四角形］コマンドの ［面取り（C）］オプション	●機能 ［四角形］コマンドで面取りしながら作図する方法です。機械部品には面取りをした板がよく使われるので、このオプションを知っておくと便利です。［四角形］コマンドには［フィレット（F）］オプションもあり、同様の方法で使えます。
［フィレット］コマンドの ［ポリライン（P）］オプション	●機能 1つのポリラインの複数個所に対して、一括で同じ大きさのフィレットをかけます。
［パターン］コマンド （PATTERN／ エイリアス：AR）	●機能 選択した要素を規則的（円形状か線形状）に複数並べて配列複写します。 ●基本的な使い方 1　複写したいエンティティを選択する。 2　［パターン］コマンドを実行する。 3　ダイアログボックスで要素数や並べ方などを指定する。 4　プレビューで確認し、決定する。
［スマート引出線］ コマンド（SMARTLEADER ／エイリアス：LE） 	●機能 注釈と対応するエンティティをつなぐ引出線をかきます。 ●基本的な使い方 1　［スマート引出線］コマンドを実行する。 2　引出線の始点と次の頂点などを指定する。 3　注釈の文字を入力する。

4-1-2　作図の準備

この章では、より実務に近いテンプレートを使ってみましょう。

テンプレート「A4-Draftsight練習用.dwt」をもとに図面ファイルを新規作成します。作図オプションなど、詳しくは「3-1-2　作図の準備」P.78～81にならってください。ただしここでは、図枠の右下に名称や図面番号などを記入します。図枠をクリックして選択し、プロパティパレットの［ブロック属性］項目で図のように入力します。［製図日］欄には製図した日付、［製図者名］欄には製図した人の名前を入力します。

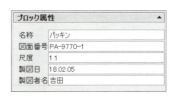

4-1-3　正面図の作図

パッキンの正面図を作図します。まず面取りした四角形、次にパッキンの内側部分を作図しましょう。

■ 面取りした四角形を作図する

作図見本に色付きで示したように、面取りした四角形を作図します。

1　練習用ファイル「4-1-3.dwg」を開く（または 4-1-2 で作成した図面ファイルを引き続き使用）。

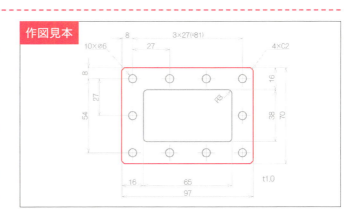

作図見本

2 ［四角形］コマンドを実行する。

コマンドウィンドウに「始点コーナーを指定」と表示されますが、指定せずに、［面取り（C）］オプションを実行します。

3 「C」と入力して Enter キーを押す。

4 コマンドウィンドウに「最初の面取りの長さを指定」と表示されるので、「2」と入力して Enter キーを押す。

5 コマンドウィンドウに「2つ目の面取りの長さを指定」と表示されるので、Enter キーを押す。

 2つ目の面取りの長さも「2」にしますが、ここではデフォルトが「2」なので、入力せずに Enter キーを押して「2」を確定しています。

HINT ［四角形］コマンドの［面取り（C）］オプションでは、角から切り取る部分の長さを［最初の面取りの長さ］と［2つ目の面取りの長さ］で指定します。最初と2つ目を違う長さにすると、左図のように反時計回りに面取り長さが割り当てられます。
しかし、このような面取りをする四角形を使うことは、ほぼないでしょう。右図のように上下左右対称に長さ違いの面取りを行うことのほうが多いと思いますが、この場合は［四角形］コマンドの［面取り（C）］オプションではなく、［面取り］コマンドを使って個別に指定します。

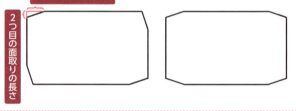

コマンドウィンドウに「始点コーナーを指定」と表示されます。

6 四角形の左下の位置として、図に示したあたりをクリックする。

7 コマンドウィンドウに「反対側のコーナーを指定」と表示されるので、「@97,70」と入力して Enter キーを押す。

横97×縦70の、面取りした四角形が作図され、［四角形］コマンドが自動的に終了します。

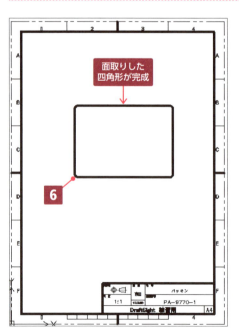

■ パッキンの内側部分を作図する

四角形をオフセットして、作図見本に色付きで示したようにパッキンの内側部分を作図します。

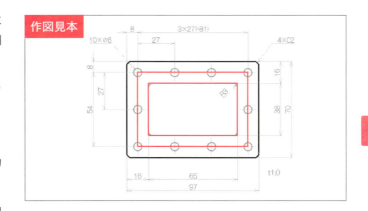

1. 作図した四角形が見やすいように、画面を拡大する。
2. [オフセット]コマンドを実行する。
3. オフセット距離として「8」と入力し、Enterキーを押す。
4. 「ソースエンティティ」として四角形をクリックし、「目的点の側」として四角形の内側をクリックして、1つ目のオフセットされた四角形を作図する。
5. できあがった内側の四角形をクリックし、さらに内側をクリックして、2つ目のオフセットされた四角形を作図する。
6. [オフセット]コマンドを終了する。

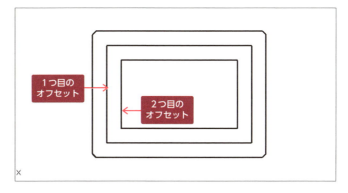

 面取りやフィレットなど、四角形作成時に指定したオプションは次回の四角形作図にも反映されます。面取りやフィレットのない四角形を作図したいときは、再びオプションを使い、面取りやフィレットの値を「0」にして作図します。

Column 面取りやフィレットのある四角形のオフセット

面取りやフィレットのある四角形をオフセットした場合の結果は、面取りやフィレットの大きさとオフセット距離に大きく関わります。

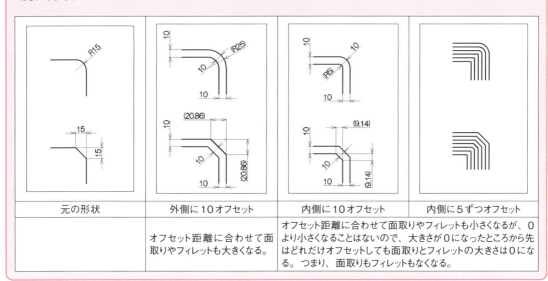

元の形状	外側に10オフセット	内側に10オフセット	内側に5ずつオフセット
	オフセット距離に合わせて面取りやフィレットも大きくなる。	オフセット距離に合わせて面取りやフィレットも小さくなるが、0より小さくなることはないので、大きさが0になったところから先はどれだけオフセットしても面取りとフィレットの大きさは0になる。つまり、面取りもフィレットもなくなる。	

■ 1つ目の穴を作図する

作図見本に色付きで示したように、1つ目の穴を作図します。

直前の手順で作図した1つ目のオフセットされた四角形は、穴の作図の目印として使った後は削除します。

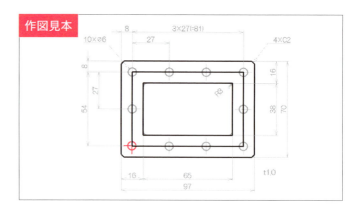

1. ［円］コマンドを実行する。
2. 円の中心点として、中間の四角形の左下角をクリックする。
3. 半径として「3」と入力し、Enterキーを押す。

半径3の円（穴）が作図され、［円］コマンドが自動的に終了します。

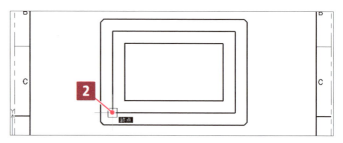

続けて、作図の目印に使った四角形を削除します。

4. 図に示した四角形をクリックして選択し、Deleteキーを押す。
5. ［ブロック挿入］コマンドを使って、穴に十字中心線を挿入する。尺度は「12」と入力する。

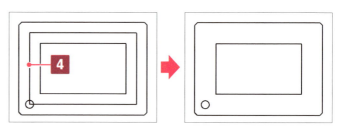

ブロック挿入の詳しい手順は、P.147の手順1～7を参考にしてください。

これで、十字中心線付きの穴が作図されます。

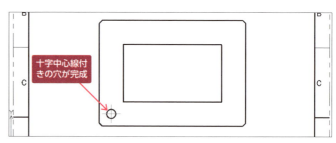

■ 穴を配列複写する

作図見本に色付きで示したように、穴を配列複写します。

配列複写を行うには［パターン］コマンドを使います。

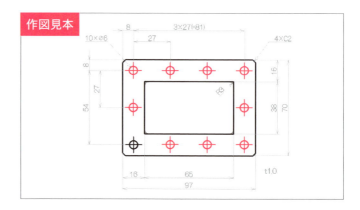

1 複写したい穴と十字中心線を選択する。

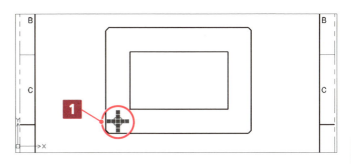

> **HINT** 穴と縦横の中心線を順にクリックするより、左から右に囲む「ウィンドウ選択」(P.69参照)を使うと、囲んだ枠に完全に含まれるエンティティを一度にまとめて選択できるので便利です。

2 ［ホーム］タブ －［修正］パネル －［パターン...］をクリックする(あるいは「PATTERN」または「AR」と入力して Enter キーを押す)。

3 ［パターン］ダイアログボックスが表示されるので、［線形］タブで図のように設定する。

4 ［プレビュー］ボタンをクリックする。

5 ダイアログボックスが閉じるので、プレビューを確認する。

図のように、27の間隔、縦3行×横4列で複写されます。

6 Enter キーを押してパターンを確定する。

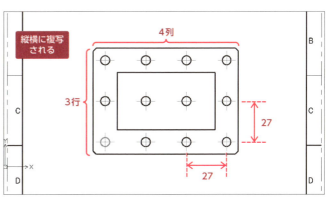

> **HINT** 確定せずに修正したい場合は、 Esc キーを押します。ダイアログボックスが再び表示され、数値を入力し直すことができます。

不要な穴を削除します。

7　中央の2つの穴を選択し、[Delete]キーを押す。

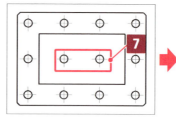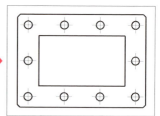

　ここで利用した[線形]タブではなく、[円形]タブで設定を行うと、図のように円形の配列複写が行えます。

■ フィレットをかける

作図見本に色付きで示したように、内側の四角形に一括してフィレットをかけます。

1　[フィレット]コマンドを実行する。

コマンドウィンドウに「1つ目のエンティティを指定」と表示されますが、指定せずに[半径(R)]オプションを実行します。

2　「R」と入力して[Enter]キーを押す。

3　半径として「3」と入力し、[Enter]キーを押す。

コマンドウィンドウに「1つ目のエンティティを指定」と表示されますが、まだ指定せずに[ポリライン(P)]オプションを実行します。

4　「P」と入力して[Enter]キーを押す。

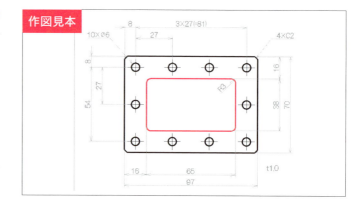

5 コマンドウィンドウに「ポリラインを指定」と表示されるので、内側の四角形の辺を1カ所クリックして指定する。

内側の四角形にフィレットがかけられ、[フィレット] コマンドが自動的に終了します。

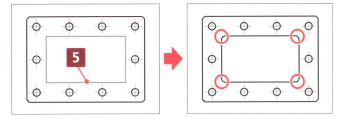

 ここまでの手順を終えた状態の図面ファイルが、教材データに「4-1-4.dwg」として収録されています。

4-1-4 寸法の記入

■ 画層を切り替えて寸法を記入する

画層を切り替えて、作図見本に色付きで示したように寸法を記入します。

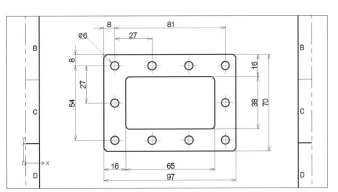

1 練習用ファイル「4-1-4.dwg」を開く（または 4-1-2 で作成した図面ファイルを引き続き使用）。

2 [ホーム]タブ－[画層]パネルで、画層を [08_寸法] に変更する。

3 P.99「3-1-5 寸法の記入」を参考に、長さ寸法や並列寸法、継続寸法を使って、図の状態まで寸法を記入する。

■ 寸法に文字の追加などを行う

作図見本に色付きで示したように、寸法に文字の追加などを行います。

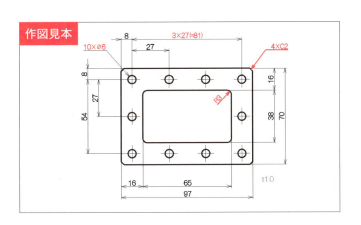

「φ6」の直径寸法に個数を追加します。

1. 「φ6」の寸法をクリックして選択する。

2. プロパティパレットの[文字]項目の[文字上書き]欄に「10×< >」と入力して[Enter]キーを押す。

図のように、「φ6」の寸法に「10×」が付いて表示されます。

3. [Esc]キーを押して寸法を選択解除する。

穴の間隔を示す「81」の寸法に文字を追加します。

4. 「81」の寸法をクリックして選択する。

5. プロパティパレットの[文字]項目の[文字上書き]欄に「3×27(=< >)」と入力して[Enter]キーを押す。

図のように、寸法の表示が「3×27(=81)」に変わります。

内側の四角形のフィレットに半径寸法を記入します。

6. 半径寸法コマンドを実行する。

7. 「カーブエンティティ」として、円弧の円周部分をクリックする。

8. 寸法数値を配置したい位置をクリックする(この後の「HINT」と「Column」を参照)。

「R3」の寸法が記入され、半径寸法コマンドが自動的に終了します。

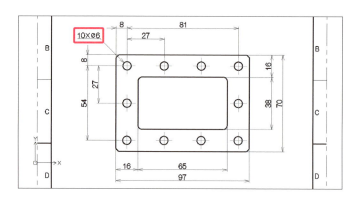

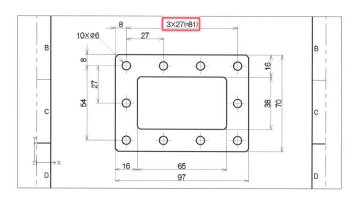

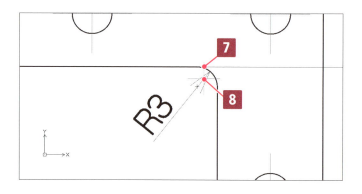

> **HINT** 円弧をクリックして選択した後、寸法を配置するときには、しっかり画面を拡大して円弧の中心点と円周の間の位置をクリックします(Eスナップが反応しない位置を指定します。Eスナップを一時的にオフにするには、[F3]キーを押します)。
> 図のように、円弧と反対側に補助円が表示されてはいけません。

> **Column** 小さな半径寸法の記入について
>
> 図のような4種の半径寸法が記入できますが、半径寸法は円弧がある部分から引き出すのが基本なので、C、Dのようにならないようにします。
> 図の黒丸は、半径寸法コマンドを実行して円弧を選んだ後に寸法を配置するためのクリック位置の目安です。左下に引き出すときには、円弧の中心と円弧の間にあたる部分をクリック指定することでAのような配置が可能になります。

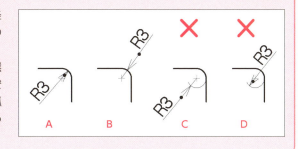

面取り寸法を追加します。

9 画面移動をして、図に示したように面取り寸法を記入する位置を表示する。

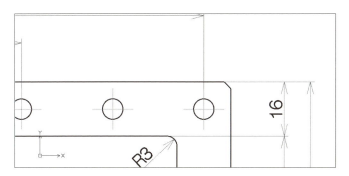

10 [注釈]タブ ―[寸法]パネル ―[スマート引出線]をクリックする（あるいは「SMARTLEADER」または「LE」と入力してEnterキーを押す）。

11 コマンドウィンドウに「始点を指定」と表示されるので、面取りを表す斜辺の中点をクリックする。

コマンドウィンドウに「次の頂点を指定」と表示されるので、引出線が折り曲がる位置として45°の方向を指定します。左の寸法の位置とそろえるときれいに見えるので、円形状ガイドとEトラックを使ってそろえます。

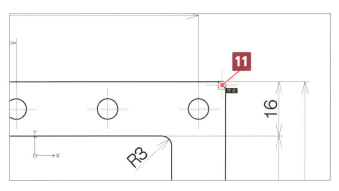

12 「27」の寸法の終点にポインタを合わせる（クリックはしない）。

13 そのままポインタを右水平方向に移動すると、水平のガイドが表示される。さらに右にポインタを移動し、引出線のプレビューが45°になり水平のガイドと交わる位置をクリックする。

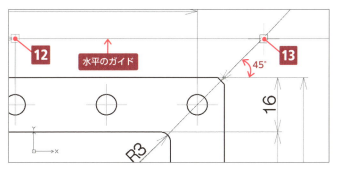

14 コマンドウィンドウに「次の頂点を指定」と表示されるが、指定せずに Enter キーを押す。

15 コマンドウィンドウに「注釈の幅を指定」と表示されるが、指定せずに Enter キーを押す。

16 コマンドウィンドウに「文字を指定」と表示されるので、「4×C2」と入力して Enter キーを押す。

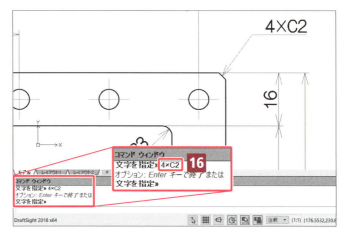

> HINT 「4×C2」とは、次のような意味です。

17 コマンドウィンドウに「文字を指定」と再び表示されるが、指定せずに Enter キーを押す。

「4×C2」と表示され、[スマート引出線]コマンドが終了します。

■ 厚みを記入する

パッキンの近くに厚みを記入します。

1 パッキンの近く、任意の位置に[簡易注釈]コマンドで「t1.0」と入力する(詳しい手順は P.179「厚みを表す文字を入力する」を参照)。

これでパッキンの図面は完成です。

2 図面ファイルに名前を付けて保存する。

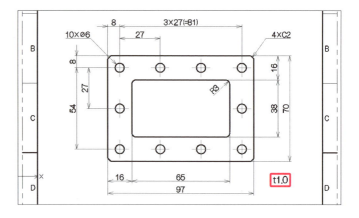

> HINT ここまでの手順を終えた状態の図面ファイルが、教材データに「4-1-4_完成.dwg」として収録されています。

4-2 歯車の作図

📄 A3-Draftsight練習用.dwt　📄 4-2-3.dwg　📄 4-2-4.dwg　📄 4-2-5.dwg　📄 4-2-6.dwg

簡単な歯車を作図しながら、面取りや鏡像などのCAD操作、および歯車の各部名称や省略図示方法などの製図知識を学びましょう。

4-2-1 この節で学ぶこと

この節では、次の図のような一般的な平歯車を作図しながら、以下の内容を学習します。
この図は中と外を両方見せるために、「片側断面図」というかき方を使っています。
歯車を作図するときは外側の歯の部分は省略してかきます。省略のしかたにもJISの機械製図での決まりがあるので、それも併せて学習しましょう。

CAD操作の学習

- 面取りをする
- 鏡像を作成する
- 2つのエンティティを1つに結合する
- グリップでエンティティを移動する

製図の学習

- 歯車の各部名称
- 歯車の省略図示方法
- キー溝について
- P.C.D.について

完成図面

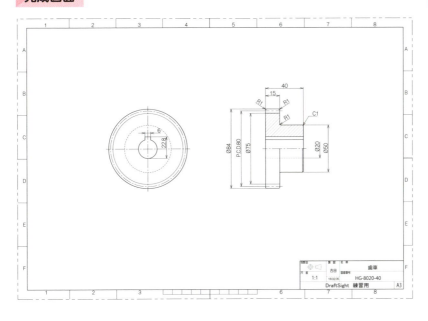

作図部品の形状

この節で学習するCADの機能

[面取り] コマンド
（CHAMFER／
エイリアス：CHA）

● 機能

4-1のパッキンの作図練習では面取りをしながら四角形をかきましたが、面取りは単体で行うこともできます。使い方や手順は［フィレット］コマンド（P.140、143参照）とほぼ同様です。面取りの場合は、カットする大きさとして「面取り距離」を指定します。

● 基本的な使い方
1　［面取り］コマンドを実行する。
2　モードを確認し、必要があれば面取り距離やトリムモードを変更する。
3　角を構成する2線をそれぞれクリックする。

[鏡像] コマンド
（MIRROR／
エイリアス：MI）

● 機能

選択したエンティティの鏡像を作るコマンドです。元のエンティティを残すか削除するかの選択も行います。

● 基本的な使い方
1　鏡像を作りたいエンティティを選択する。
2　［鏡像］コマンドを実行する。
3　ミラー線の始点と終点を指定する。
4　元のエンティティを残すか削除するか決定する。

[結合] コマンド
（WELD／エイリアス：J）

● 機能

2つのエンティティを1つに結合するコマンドです。直線、開いたポリライン、円弧、楕円弧、開いたスプラインを結合できます。直線を結合する場合は、1方向に整列している必要があります。

● 基本的な使い方
1　［結合］コマンドを実行する。
2　結合する2つのエンティティを選択する。

Column　歯車の各部名称

歯車の各部名称は図の通りです。P.221の図中に示した「キー溝」と「ボス」という用語と併せて覚えておきましょう（キー溝の役割については、P.232の「Column」を参照）。

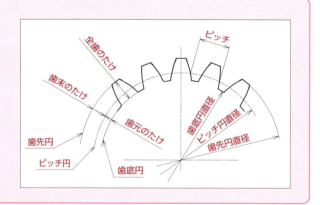

Column　略図に使う線

歯の部分は形状のままかかずに、略して円で作図します。歯の作図に使う円は歯先円、ピッチ円、歯底円の3つです。次の図は正面図を片側断面図でかいてあります。断面の側と外形から見た側では、歯底円に使う線の太さが違うので注意しましょう。

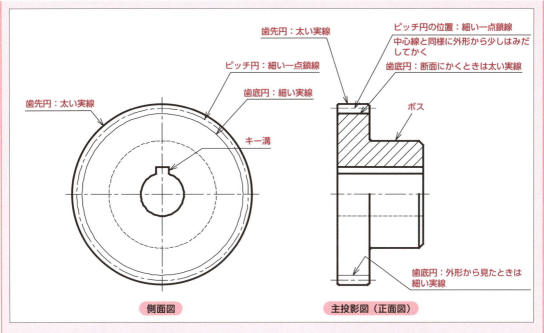

歯車は円形に見える側が側面図です。
また、断面にしたとき、歯車に限らず断面部分には通常はかくれ線をかきません。JISの機械製図に記載のある「かくれ線は、理解を妨げない場合には、これを省略する」「必要がなければ、切断面の奥にある部分を完全にかかなくてもよい」「切断面の先方に見える線は、理解を妨げない場合には、これを省略するのがよい」などに則るものです。

Column 側面図の省略について

側面図は、用紙や尺度の都合で省スペース化したいときなど、次の図のように省略することができます。

- 例1：キー溝など、省略する位置に表示させたいものがある場合は、中心線をまたいで少し先まで作図し、その先を省略する。

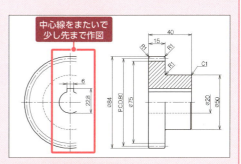

- 例2：省略部分に特別にかきたいものがない場合は、中心線ぴったりで切り取って省略する。このとき、切り取りに使った中心線の上下には、細い平行の実線2本で作図する「対称図示記号」を付ける。

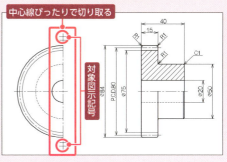

4-2-2 作図の準備

テンプレート「A3-Draftsight練習用.dwt」をもとに図面ファイルを新規作成します。作図オプションなど、詳しくは「3-1-2　作図の準備」P.78〜81にならってください。ただしここでは、図枠の右下には名称や図面番号などを記入します。図枠をクリックして選択し、プロパティパレットの［ブロック属性］項目で図のように入力します。

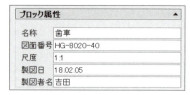

［製図日］欄には製図した日付、［製図者名］欄には製図した人の名前を入力します。

4-2-3 正面図の作図

歯車の正面図を作図します。歯車の場合、横から見た形状を「正面図」とします。

■ 線分で外形を作図する

作図見本に色付きで示したように、線分で任意の位置に外形を作図します。

Eトラックを使って線分をかいていきます。

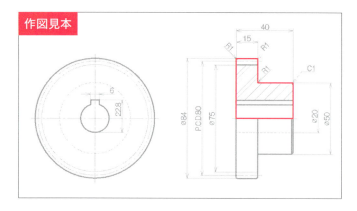

1. 練習用ファイル「4-2-3.dwg」を開く（または 4-2-2 で作成した図面ファイルを引き続き使用）。

2. ［線分］コマンドを実行する。

3. 始点として、図に示したあたりをクリックする。

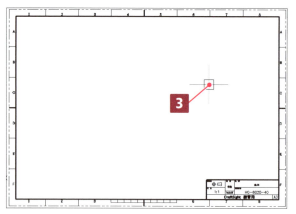

4. ポインタを下に動かして下方向のガイドを表示し、距離を「25」（ボス部分直径の50の半分）と入力して Enter キーを押す。

5. 手順4と同じ要領で、左方向に40、上方向に42、右方向に15の線をかく。

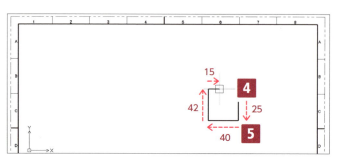

6 線分のかき始めの点にポインタを合わせる（クリックはしない）。

7 ポインタを左に動かすと水平のガイドが表示されるので、図に示した位置（手順5でかいた線分の終点の真下で、水平のガイドとの交点）をクリックする。

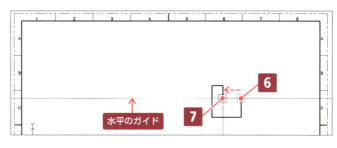

最後に、［閉じる（C）］オプションを使います。

8 「C」と入力して Enter キーを押す。

図のように線分が閉じて、［線分］コマンドが自動的に終了します。

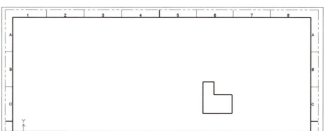

■ 歯車上半分の細部の処理をする

作図見本に色付きで示したように、歯車上半分の細部の処理をします。

具体的には、3つの角にフィレットをかけ、1つの角に面取りをします。

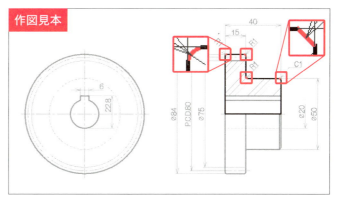

1 直前の手順で作図した外形の細部が見やすいように、画面を拡大する。

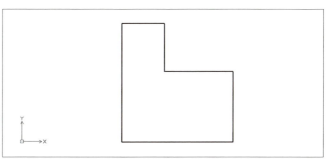

2 ［フィレット］コマンドを実行し、図に示した3カ所の角部にR（半径）1のフィレットをかける（詳しい手順はP.143「フィレットをかける」を参照）。

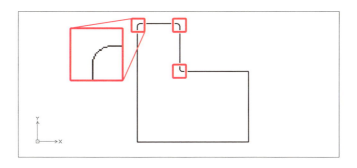

続けて、右上角にC1の面取りをします。

3 ［ホーム］タブ ―［修正］パネル ―［面取り］をクリックする（あるいは「CHAMFER」または「CHA」と入力して Enter キーを押す）。

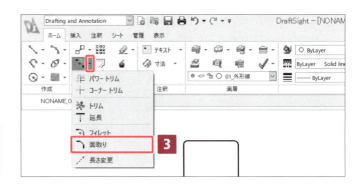

> **HINT** ［面取り］は、［パワートリム］アイコン右の［▼］をクリックすると表示されます。

4 コマンドウィンドウでモードと面取り距離を確認する。

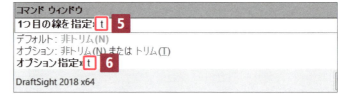

モードが「トリム（T）」で、「距離1」と「距離2」がそれぞれ「1」の場合：

手順**10**に進んでください。

モードが「非トリム（N）」の場合：

5 「T」と入力して Enter キーを押し、［トリムモード（T）］オプションに入る。

6 「T」と入力して Enter キーを押し、「トリム」モードを指定する。

面取り距離を修正したい場合：

7 「D」と入力して Enter キーを押し、［距離（D）］オプションを実行する。

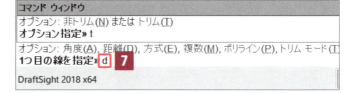

8 コマンドウィンドウに「最初の距離を指定」と表示されるので、「1」と入力して Enter キーを押す。

9 コマンドウィンドウに「2つ目の距離を指定」と表示されるが、デフォルトに「1」と入っているので、そのまま Enter キーを押して確定する。

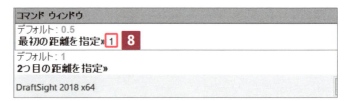

10 コマンドウィンドウに「1つ目の線を指定」と表示されるので、面取りしたいコーナーを構成する2本の線のいずれかをクリックする。

11 コマンドウィンドウに「2つ目の線を指定」と表示されるので、面取りしたいコーナーを構成する残りの線をクリックする。

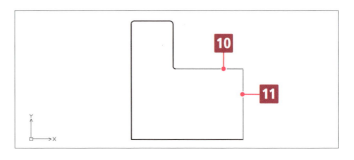

コーナーが面取りされ、[面取り]コマンドが自動的に終了します。

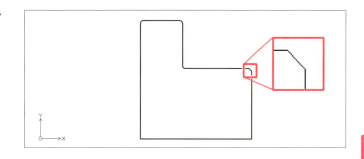

■ ピッチ部と歯底部を作図する

作図見本に色付きで示したように、ピッチ部と歯底部を作図します。

また、線分2本の画層を中心線に変更したうえで、外形からはみ出すように伸ばします。

1 [線分]コマンドを実行する。

2 コマンドウィンドウに「始点を指定」と表示されるので、左下角部にポインタを合わせる（クリックはしない）。

3 ポインタを上に動かすと垂直方向のガイドが表示されるので、「37.5」（歯底円直径の「75」の半分）と入力して Enter キーを押す。

 HINT このときに中点スナップが表示されると、中点に吸着してしまうことがあるので、ガイドが表示されたままポインタを中点や終点以外に置きます。

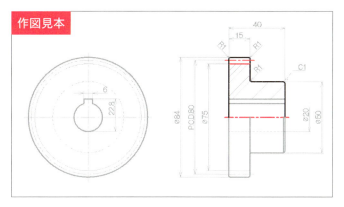

左下角から上に37.5の位置が始点になります。

4 次の点として、ポインタを右に水平に動かし、[垂直]または[交点]のマーカーが表示されたところをクリックする。

5 [線分]コマンドを終了する。

歯底の位置の線分が作図されます。

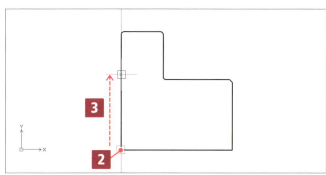

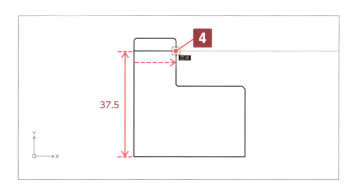

6 手順1～5と同じ要領で、「40」（ピッチ円直径の「80」の半分）の位置にも線分を作図する。

線分2本を中心線に変更したうえで、伸ばします。

7 手順6で作図した線分と底辺をクリックして選択する。

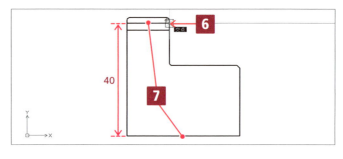

8 ［ホーム］タブ －［画層］パネルで、画層を［04_中心線］に変更する。

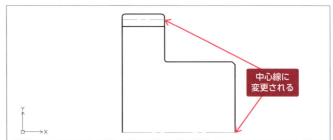

9 ［長さ変更］コマンドを実行し、［増分（I）］オプションを使って、3ずつ長くする（詳しい手順はP.88「十字の中心線を伸ばす」を参照）。

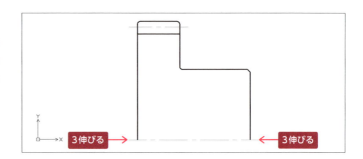

■ **鏡像を作成する**

作図見本に色付きで示したように、鏡像を作成します。

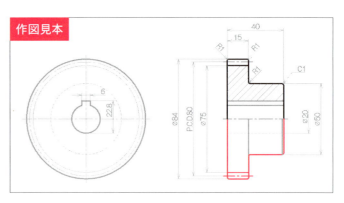

1 交差選択を使って、下の中心線以外を選択する。

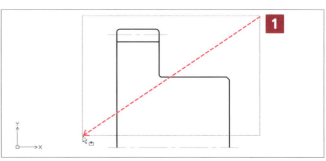

2 ［ホーム］タブ―［修正］パネル―［鏡像］をクリックする（あるいは「MIRROR」または「MI」と入力して Enter キーを押す）。

 ［鏡像］は、［コピー］アイコン右の［▼］をクリックすると表示されます。

3 コマンドウィンドウに「ミラー線の始点を指定」と表示されるので、下の中心線の左終点をクリックして指定する。

鏡像のプレビューが表示され、ポインタに一緒について動きます。

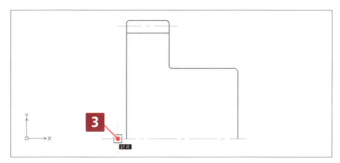

4 コマンドウィンドウに「ミラー線の終点を指定」と表示されるので、下の中心線の右終点をクリックする。

クリックすると、鏡像のプレビューはいったん消えます。

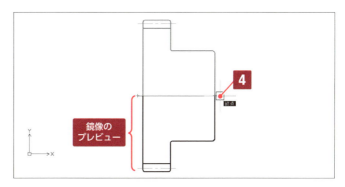

コマンドウィンドウに「ソースエンティティを削除しますか？ 指定 はい（Y）または いいえ（N）」と表示されます。

5 デフォルトが「いいえ（N）」になっている場合はそのまま Enter キーを押し、「はい（Y）」になっている場合は「N」と入力して Enter キーを押す。

 ここではソースを残しますが、「Y」と入力してソースを削除することで、鏡像だけ残すこともできます。

鏡像が作成され、［鏡像］コマンドが自動的に終了します。

これで、正面図のおおまかな部分はできあがりです。正面図はまだ完成していませんが、側面図の作図に移ります。

 ここまでの手順を終えた状態の図面ファイルが、教材データに「4-2-4.dwg」として収録されています。

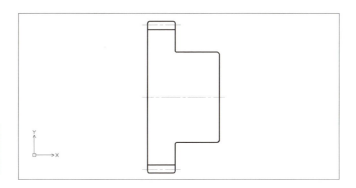

4-2 歯車の作図

4-2-4　側面図の作図

歯車の側面図を作図します。まず中心の円を作図します。

■ 中心の円を作図する

作図見本に色付きで示したように、中心の円を作図します。

Eトラックを使って、正面図の中心から左延長上の任意の位置を中心点として指定して、円を作図します。

1. 練習用ファイル「4-2-4.dwg」を開く（または 4-2-2 で作成した図面ファイルを引き続き使用）。
2. 正面図の左側を広く空けるように、画面の縮小と移動をする。
3. ［円］コマンドを実行する。
4. コマンドウィンドウに「中心点を指定」と表示されるので、ポインタを正面図の真中にある中心線の中点に合わせる（クリックはしない）。
5. 水平のガイドが表示されるので、ポインタを左に動かして、左延長上の任意の位置をクリックする。
6. 半径として「10」と入力し、Enter キーを押す。

半径10の円が作図され、［円］コマンドが自動的に終了します。

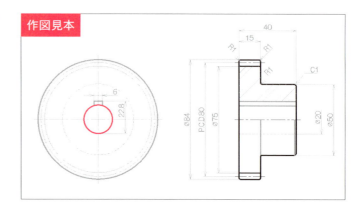

作図見本

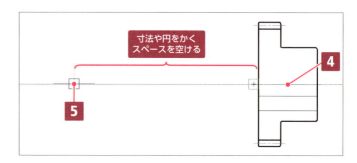

寸法や円をかく
スペースを空ける

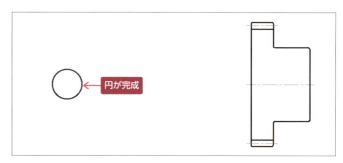

円が完成

■ 残りの円を作図する

作図見本に色付きで示したように、残りの4つの円（ボス部を示す円、歯底円、ピッチ円、歯先円）と十字中心線を作図します。

円を作図するための位置決め用に構築線をかき、円がかけたら削除します。

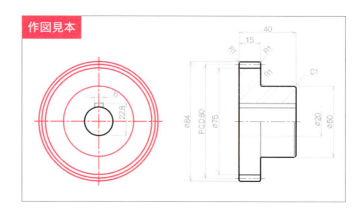

作図見本

1 ［構築線］コマンドを実行する。

水平な構築線をかきたいので、［水平（H）］オプションを使います。

2 「H」と入力して Enter キーを押す。

3 ポインタに水平線が一緒についてくるので、ボス部、歯底部、ピッチ部、歯先部（図の色付き点部分）を順にクリックする。

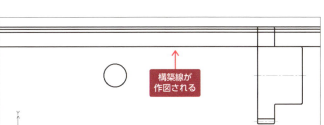

クリックするたびに、水平の構築線が作図されます。

4 ［構築線］コマンドを終了する。

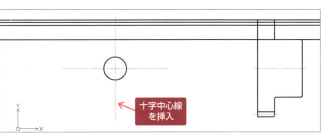

5 ［ブロック挿入］コマンドを使って、円の中心に十字中心線を挿入する。尺度は「90」と入力する。

ブロック挿入の詳しい手順は、P.147の手順1〜7を参考にしてください。

続けて、P.187の下の手順1〜7を参考に円を連続オフセットします。

6 ［オフセット］コマンドを実行する。

7 「T」と入力し、Enter キーを押して、［通過点(T)］オプションを実行する。

8 「ソースエンティティ」として、円をクリックする。

9 「M」と入力し、Enter キーを押して、［複数(M)］オプションを実行する。

10 通過点として、中心線と構築線との交点（図の色付き点部分）を順にクリックして円をオフセットしていく。

11 ［オフセット］コマンドを終了する。

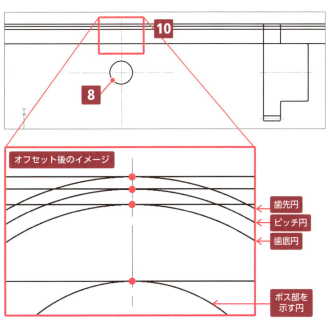

円をかき終わったので、構築線を削除します。

12 交差選択を使って、構築線をすべて選択する。

13 [Delete] キーを押す。

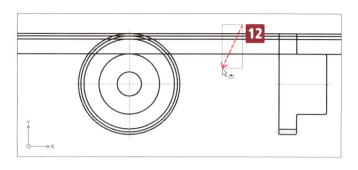

構築線が削除されます。

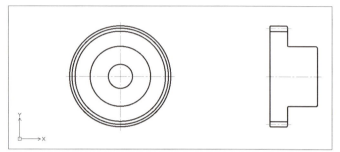

■ 画層を変更する

作図見本に色付きで示した円や線の画層を変更します。

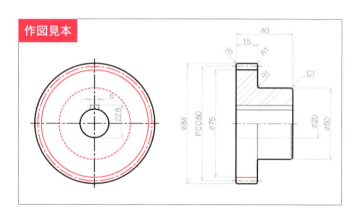

1 直径50の円をクリックして選択する。

2 ［ホーム］タブ －［画層］パネルで、画層を［03_かくれ線］に変更する。

3 [Esc] キーを押してエンティティを選択解除する。

4 手順1〜3と同じ要領で、直径75の円と正面図の下の歯底の線の画層を［02_細線］に変更する。

5 手順1〜3と同じ要領で、直径80の円の画層を［04_中心線］に変更する。

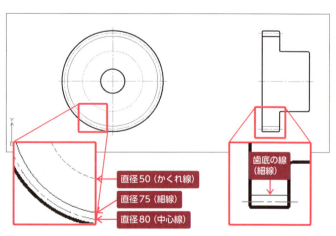

■ キー溝部を作図する

作図見本に色付きで示したように、キー溝部を作図します。

なお、キー溝の役割については P.232 の「Column」で解説します。

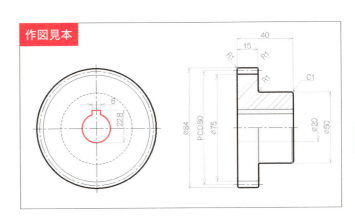

1. [四角形]コマンドを実行する。
2. 図を参考に画面を拡大する。
3. コマンドウィンドウに「始点コーナーを指定」と表示されるので、円の中心点にポインタを合わせる（クリックはしない）。
4. ポインタを左に動かして水平のガイドを表示し、「3」と入力して[Enter]キーを押す。

円の中心点から左に3の位置が始点になります。

5. コマンドウィンドウに「反対側のコーナーを指定」と表示されるので、「@6,12.8」と入力する。

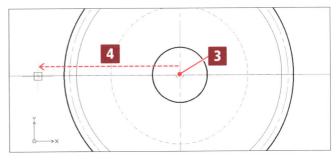

横6×縦12.8の四角形が作図され、[四角形]コマンドが終了します。12.8は22.8 − 10（円の半径）です。

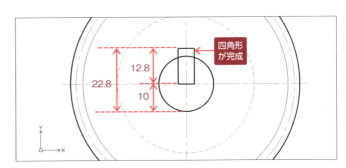

6. [トリム]コマンドを実行する。
7. 「切り取りエッジ」として、直径20の円と四角形をクリックして[Enter]キーを押す。

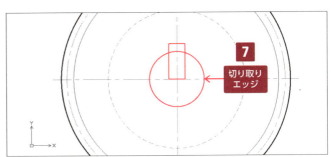

8 「削除するセグメント」として、四角形の内側の円弧と四角形の下の辺（3辺）をクリックする。

> ⚠ **注意** 中心線をクリックしないように注意してください。

クリックした円弧と四角形の辺が削除されます。

9 ［トリム］コマンドを終了する。

10 正面図と側面図が画面におさまるように、画面の縮小と移動をする。

> 💡 **HINT** ここまでの手順を終えた状態の図面ファイルが、教材データに「4-2-5.dwg」として収録されています。

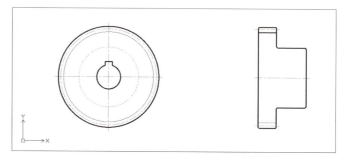

Column　キー溝について

歯車の穴を軸に通すとき、そのままでは空回りするので、穴と軸の両方にキー溝を刻み、そこにキーと呼ばれる部品を通すことで空回りを防ぎます。

4-2-5　正面図の作図の続き

正面図の作図の続きを行います。

■ 正面図の左右の縦線をそれぞれ上下結合する

作図見本に色付きで示したように、正面図の左右の縦線をそれぞれ上下結合します。

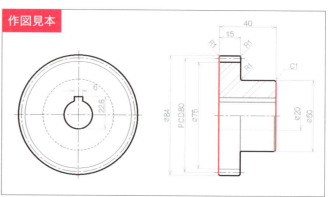

1 練習用ファイル「4-2-5.dwg」を開く（または 4-2-2 で作成した図面ファイルを引き続き使用）。

ポインタを重ねると、線が上下別になっていることが確認できます。

2 ［ホーム］タブ －［修正］パネル －［結合］をクリックする（あるいは「WELD」または「J」と入力して Enter キーを押す）。

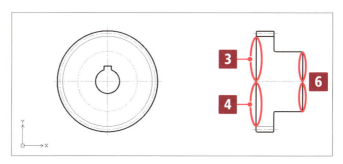

3 コマンドウィンドウに「ベースエンティティを指定」と表示されるので、左の上の縦線をクリックする。

4 コマンドウィンドウに「結合セグメントを指定」と表示されるので、左の下の縦線をクリックする。

5 Enter キーを押して確定する。

左の縦線の上下が結合され、［結合］コマンドが自動的に終了します。

6 手順 2 ～ 5 と同じ要領で、右の縦線の上下も結合する。

結合した線分にポインタを重ねると、エンティティが結合されたことを確認できます。

■ 穴の上下の線分を作図する

作図見本に色付きで示したように、穴の上下の線分を作図します。

まず構築線を作図し、その後で不要な部分をトリムします。

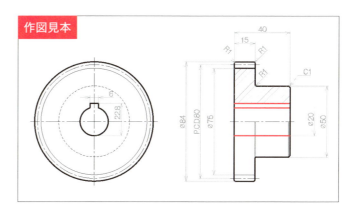

まず、以下の手順で構築線を作図します。詳しい手順は、P.229の手順1～4を参考にしてください。

1　[構築線]コマンドを実行する。

2　[水平(H)]オプションを実行する。

3　穴とキー溝の位置（図の色付き点部分）を順にクリックして、構築線を3本作図する。

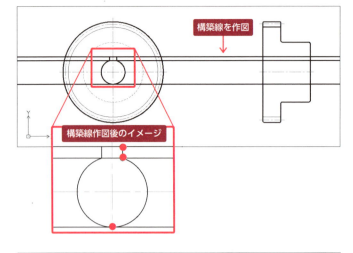

続けて、以下の手順で構築線の不要な部分をトリムします。詳しい手順は、P.231の手順6～9を参考にしてください。

4　[トリム]コマンドを実行する。

5　「切り取りエッジ」として、正面図の左右の縦線をクリックし、Enterキーを押して確定する。

6　「削除するセグメント」として、構築線の左右外側6ヵ所をクリックする。

不要な部分がトリムされます。

7　[トリム]コマンドを終了する。

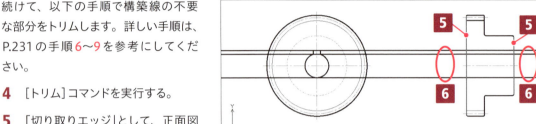

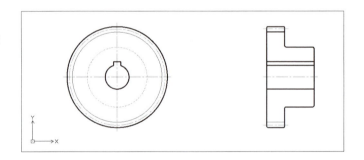

■ 仕上げ

作図見本に色付きで示したように、正面図の仕上げを行います。

具体的には、❶穴の下の線分の画層を[03_かくれ線]に変更、❷歯の厚み部分の線分を上に伸ばす、❸面取り部分の線分を下半分に作図、❹上の断面部分にハッチングを記入、を行います。

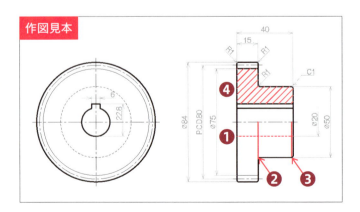

穴の下の線分の画層を変更します。

1. 穴の下の線分をクリックして選択する。
2. [ホーム]タブ─[画層]パネルで、画層を[03_かくれ線]に変更する。
3. [Esc]キーを押してエンティティを選択解除する。

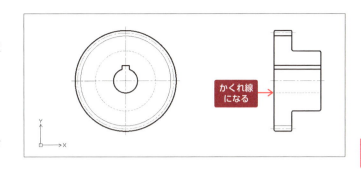

歯の厚み部分の線分を上に伸ばします。

4. 歯の厚み部分をクリックして選択する。
5. グリップが表示されるので、上のグリップをクリックする。

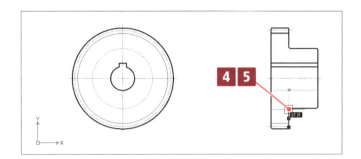

6. ポインタを上に動かして、中心線に[垂直]または[交点]のマーカーが表示された部分をクリックする。

歯の厚み部分の線分が上に伸びます。

7. [Esc]キーを押して線分を選択解除する。

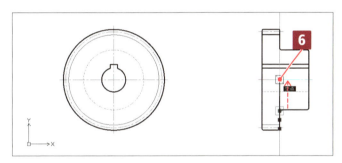

面取り部分の線分を下半分に作図します。

8. [線分]コマンドを実行する。
9. 始点として、面取り部分の終点をクリックする。
10. 次の点として、ポインタを上に動かして、中心線に[垂直]または[交点]のマーカーが表示された部分をクリックする。
11. [線分]コマンドを終了する。

面取り部分の線分が作図されます。

画層を変更したうえで、上の断面部分にハッチングを記入します。

12. [ホーム]タブ─[画層]パネルで、画層を[02_細線]に変更する。

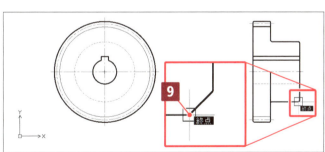

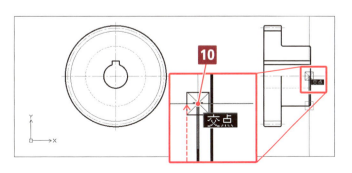

13 P.137「ハッチングを記入する」を参考に、ハッチングを記入する。その際、[パターン]が[ANSI31]であることを確認し、[尺度]を「0.75」に変更する。

これで正面図は完成です。

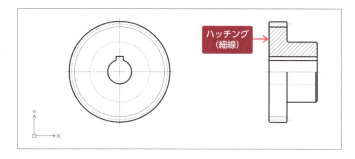

> ここまでの手順を終えた状態の図面ファイルが、教材データに「4-2-6.dwg」として収録されています。

4-2-6 寸法の記入

歯車の寸法を記入します。

■ 画層を切り替えて寸法を記入する

作図見本に色付きで示したように、歯車の寸法を記入します。

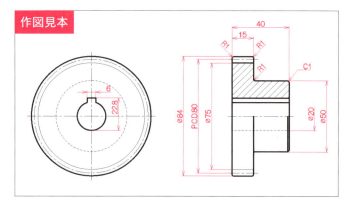

1 練習用ファイル「4-2-6.dwg」を開く(または 4-2-2 で作成した図面ファイルを引き続き使用)。

2 [ホーム]タブ ― [画層]パネルで、画層を[08_寸法]に変更する。

3 図の状態まで寸法を記入する。

長さ寸法や直列寸法、並列寸法の入れ方についてはP.99「3-1-5 寸法の記入」を参考に、半径寸法「R1」と面取り寸法「C1」についてはP.216の手順 6〜17 を参考にしてください。

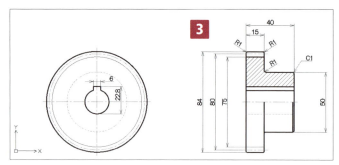

4 長さ寸法コマンドを実行する。

5 「1本目の補助線」として、穴の下の終点をクリックする。

正面図の「20」の寸法は、下の位置しか実在しません。そのため、上の位置は、Eトラックを使って始点からの距離を指定します。

> ⚠ **注意** キー溝から投影した2本の線は、穴の径の位置とは異なります。

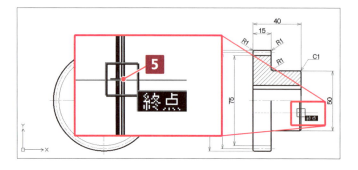

6 「2本目の補助線」として、ポインタを上に動かして垂直方向のガイドを表示し、「20」と入力して Enter キーを押す。

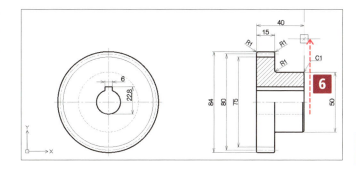

7 寸法を配置する位置をクリックする。

「20」の寸法が記入され、長さ寸法コマンドが自動的に終了します。

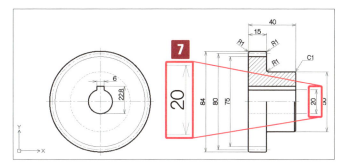

「20」の寸法の上の寸法補助線と矢印、寸法線を非表示にします。

8 「20」の寸法をクリックして選択する。

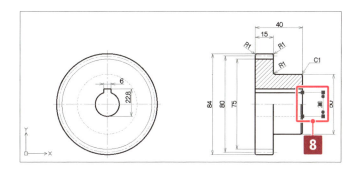

9 プロパティパレットの[線分＆矢印]項目にある[寸法線2]と[寸法補助線2]をそれぞれ[オフ]、[矢印2]を[なし]に指定する。

> **HINT**　「1本目の補助線」としてクリックしたほうが[寸法線1][寸法補助線1][矢印1]になります。

> **HINT**　「寸法線」を非表示にすれば、矢印も非表示になります。寸法線だけを表示して、矢印は非表示にすることもできます。

10 Esc キーを押して「20」の寸法を選択解除する。

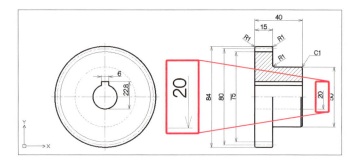

これで、「20」の寸法の上側の処理が完成です。

続けて、複数の寸法に直径記号「φ」を付けます。

11 直径記号を付ける寸法をまとめて選択する。

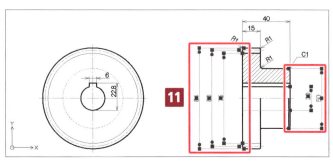

12 プロパティパレットの[文字]項目にある[文字上書き]欄に「%%C<>」と入力して Enter キーを押す。

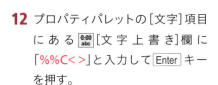

選択した寸法に「φ」が付いて表示されます。

13 Esc キーを押して寸法を選択解除する。

「φ80」の寸法表示を「P.C.D.80」に変更します。「P.C.D.」とは「Pitch Circle Diameter（ピッチサークルダイヤメーター）」の略で、ピッチ円直径のことです。

14 「φ80」の寸法をクリックして選択する。

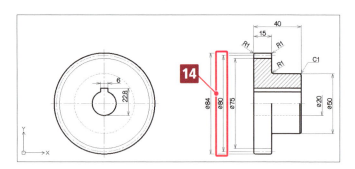

15 プロパティパレットの[文字上書き]欄に「P.C.D.<>」と入力して Enter キーを押す。

 HINT 「P.C.D.」には「直径」の意味もあるので、「φ」は付けません。また、各文字の後ろの「.」は単語の省略の意味のドットなので、最後の「D」の後ろにも必ず「.」を付けます。

「φ80」の寸法表示が「P.C.D.80」に変わります。

16 Esc キーを押して寸法を選択解除する。

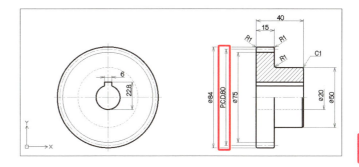

最後に、正面図と側面図の位置を整えましょう。

17 図枠内のすべてのエンティティを選択し、グリップ以外をドラッグして中央あたりの位置に移動する。

これで歯車の図面は完成です。

18 図面ファイルに名前を付けて保存する。

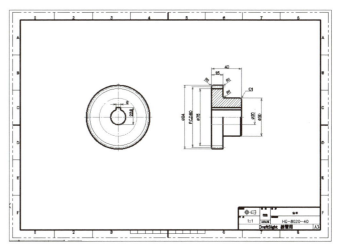

 HINT　ここまでの手順を終えた状態の図面ファイルが、教材データに「4-2-6_完成.dwg」として収録されています。

Column　スマート引出線の文字を傾けるには

スマート引出線（ここでは面取りの引出線として使用）は、左図のように引出方向へ文字を傾けることができます。文字を傾けるには、引出線の文字をクリックして選択し、プロパティパレットの [文字] 項目にある [回転] 欄に「45」と入力して Enter キーを押します。文字が斜め (45°) になるので、グリップを移動調整して引出線の角度と一直線になるように角度を手動で整えます。

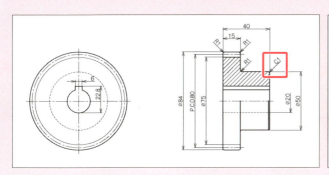

4-2 歯車の作図

4-3 六角ボルトの作図

📄 A4-Draftsight練習用.dwt　📄 4-3-3.dwg　📄 4-3-4.dwg　📄 4-3-5.dwg

簡単な六角ボルトを作図しながら、[ポリゴン][移動]コマンドなどのCAD操作や、ねじ部の省略図法などの製図の知識を学びましょう。

4-3-1　この節で学ぶこと

この節では、次の図のような簡単な六角ボルトを作図しながら、以下の内容を学習します。

六角ボルトは、いちばんよく使う機械要素です。六角ボルトもまた歯車同様、省略図法でかきます。六角頭部分の省略方法にはさまざまなものがありますが、ここではよく使われる省略図法で作図します。

 注意　ボルトは本来、規格通りのものを使うときには図面に寸法を入れませんが、ここでは解説の便宜上、寸法を入れます。

CAD操作の学習
- 多角形を作図する
- エンティティを移動する

製図の学習
- ねじ部や六角頭の省略図法

完成図面

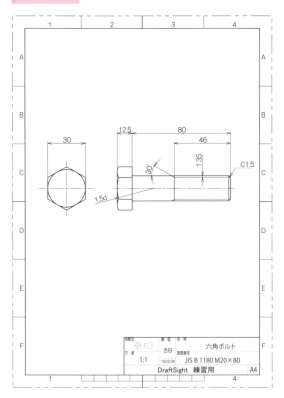

作図部品の形状

この節で学習するCADの機能

[ポリゴン] コマンド
（POLYGON／
エイリアス：POL）

● 機能
正多角形をかくコマンドです。作図するときに指定する項目がとても多いので、コマンドウィンドウを確認しながら操作を進めましょう。

● 基本的な使い方
1. [ポリゴン] コマンドを実行する。
2. 辺の数を入力する。
3. ポリゴンの中心をクリックする。
4. 距離オプションを指定する。
5. 距離を指定する。

[移動] コマンド
（MOVE／
エイリアス：M）

● 機能
指定した方向にエンティティを移動するコマンドです。コマンドを実行してから移動するエンティティを指定、もしくは移動するエンティティを指定してからコマンドを実行、どちらの手順でも移動できますが、後者は選択を確定する Enter キーを押す操作を省くことができます。

● 基本的な使い方
1. 移動したいエンティティを選択する。
2. [移動] コマンドを実行する。
3. 始点を指定する。
4. 2つ目の点（移動先の点）を指定する。

4-3-2　作図の準備

テンプレート「A4-Draftsight練習用.dwt」をもとに図面ファイルを新規作成します。作図オプションなど、詳しくは「3-1-2　作図の準備」P.78～81にならってください。ただしここでは、図枠の右下には名称や図面番号などを記入します。図枠をクリックして選択し、プロパティパレットの [ブロック属性] 項目で図のように入力します。[製図日] 欄には製図した日付、[製図者名] 欄には製図した人の名前を入力します。

4-3-3　側面図の作図

六角ボルトの側面図として、六角部分を作図します。

■ 六角部分を作図する

作図見本に色付きで示したように、六角部分を作図します。

まず円をかき、その円に外接する正六角形をかいてから、十字中心線を挿入します。

1. 練習用ファイル「4-3-3.dwg」を開く（または 4-3-2 で作成した図面ファイルを引き続き使用）。

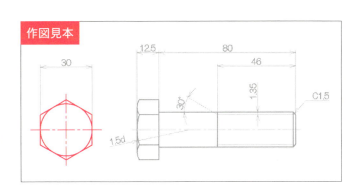

作図見本

2 ［円］コマンドを実行する。

六角形の中心にしたい位置を中心に、二面幅（30）と同じ直径の円をかきます。

3 円の中心点として、図に示したあたりをクリックする。

4 半径として「15」と入力し、Enter キーを押す。

直径30の円が作図され、［円］コマンドが自動的に終了します。続けて、その円に外接する正六角形を作図します。

5 ［ホーム］タブ ― ［作成］パネル ― ［ポリゴン］をクリックする（あるいは「POLYGON」または「POL」と入力して Enter キーを押す）。

 ［ポリゴン］は、［ポリライン］アイコン右の［▼］をクリックすると表示されます。

6 コマンドウィンドウに「辺の数を指定」と表示されるので、「6」と入力して Enter キーを押す。

7 コマンドウィンドウに「中心点を指定」と表示されるので、円の中心点をクリックする。

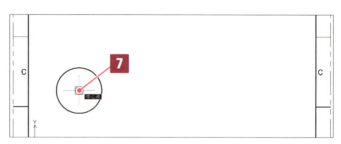

8 コマンドウィンドウに「距離オプションを指定」と表示されるので、「S」と入力して Enter キーを押す。

 ポリゴンの距離オプションは、多角形の中心から辺までの距離で指定して作図するときには［辺（S）］、多角形の中心から頂点までの距離を指定して作図するときは［コーナー（CO）］を使います。

コマンドウィンドウに「距離を指定」と表示され、ポインタを動かすと六角形のプレビューが伸び縮みします。

9 円の右の四半円点をクリックする。

六角形が作図され、［ポリゴン］コマンドが自動的に終了します。

P.147の手順**1**～**7**を参考に十字中心線を挿入します。

10 ［ブロック挿入］コマンドを実行する。

11 ［ブロック挿入］ダイアログボックスでP.147と同じ設定をする。

12 目的点として、円の中心点をクリックする。

13 尺度として、十字中心線の長さを数値かクリックで指定する。

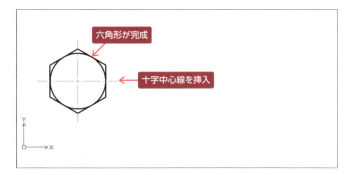

十字中心線が挿入され、［ブロック挿入］コマンドが自動的に終了します。

これで六角ボルトの側面図は完成です。

💡**HINT** ここまでの手順を終えた状態の図面ファイルが、教材データに「4-3-4.dwg」として収録されています。

4-3-4 正面図の作図

六角ボルトの正面図を作図します。まず、六角頭の部分の概略を作図します。

■ 六角頭の部分の概略を作図する

作図見本に色付きで示したように、六角ボルトの頭の部分の概略を作図します。

1 練習用ファイル「4-3-4.dwg」を開く（または4-3-2で作成した図面ファイルを引き続き使用）。

2 ［線分］コマンドを実行する。

Eトラックを使って、六角形の下の頂点と同じ高さに線をかきます。

3 六角形の下の頂点にポインタを合わせる（クリックはしない）。

4 ポインタを右に動かすと水平のガイドが表示されるので、図に示したあたりを始点としてクリックする。

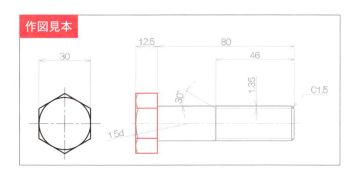

5 ポインタを右に動かして右方向のガイドを表示し、「12.5」と入力して Enter キーを押す。

6 [線分]コマンドを終了する。

基準となる長さ12.5の線分が作図されます。

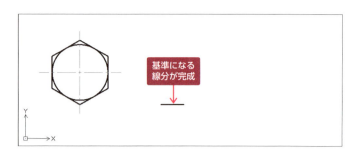

続けて、P.187の手順1〜7を参考に、この線分を連続オフセットします。

7 [オフセット]コマンドを実行する。

8 「T」と入力して Enter キーを押し、[通過点(T)]オプションを実行する。

9 「ソースエンティティ」として、基準となる線分をクリックする。

10 「M」と入力して Enter キーを押し、[複数(M)]オプションを実行する。

11 通過点として、六角形の頂点3カ所(図に示した点)をクリックする。

3本の線分がオフセットされます。

12 [オフセット]コマンドを終了する。

続けて、縦線を作図します。

13 [線分]コマンドを実行する。

14 一番上と一番下の線分の左終点をクリックして、上下をつなぐ線分を作図する。

15 [線分]コマンドを終了する。

16 手順13〜15と同じ要領で、上下の線分の右終点をつなぐ線分を作図する。

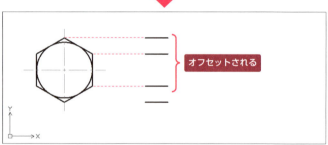

■ **軸側を作図する**

作図見本に色付きで示したように、六角ボルトの軸側を作図します。

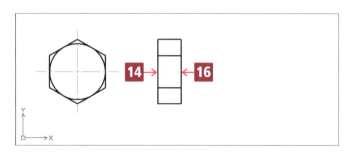

1 [線分]コマンドを実行する。

ここではEトラックを使って、線分の始点を指定します。

2　六角頭の右の縦線の中点にポインタを合わせる（クリックはしない）。

3　ポインタを下に動かして垂直のガイドを表示する。「10」と入力して[Enter]キーを押す。

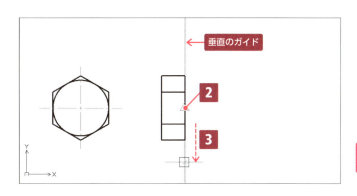

これで、右の縦線の中点から下に10の位置が始点になります。

4　ポインタを右に動かして右方向のガイドを表示する。「80」と入力して[Enter]キーを押し、右方向に80の横線をかく。

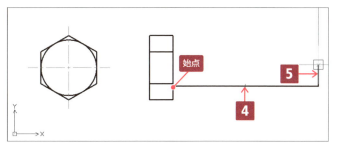

5　手順4と同じ要領で、上方向に20の縦線をかく。

6　続けてポインタを左に動かして左方向のガイドを表示し、縦線に[垂直]または[交点]のマーカーが表示される位置をクリックする。

7　[線分]コマンドを終了する。

軸側が作図されます。

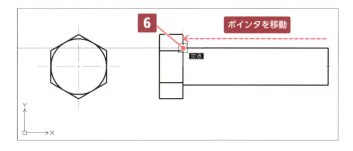

ねじ部を作図する

作図見本に色付きで示したように、ねじ部を作図します。

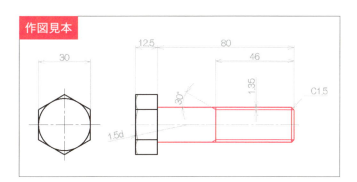

1　[オフセット]コマンドを実行する。

2　オフセット距離として、「1.35」と入力して[Enter]キーを押す。

3　「ソースエンティティ」として、軸の上の横線をクリックする。

4　「目的点の側」として、横線の下をクリックする。

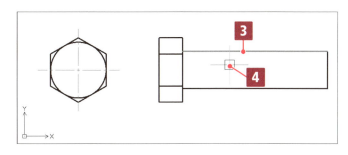

横線が1.35下にオフセットされます。

5 ［オフセット］コマンドを終了する。

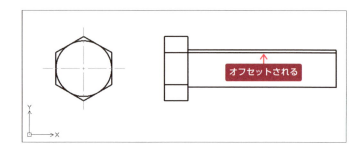

6 手順1～5にならって、オフセット距離「1.5」で右の縦線を左側にオフセットする。

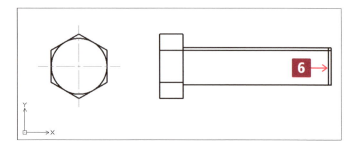

7 手順1～5にならって、オフセット距離「46」で右の縦線を左側にオフセットする。

8 不完全なねじ部が見やすいように、画面を拡大する。

9 ［線分］コマンドを実行する。

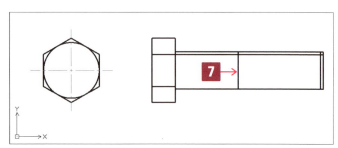

10 始点として、1.35オフセットした線分と縦線の交点をクリックする。

この始点から斜線を作図します。

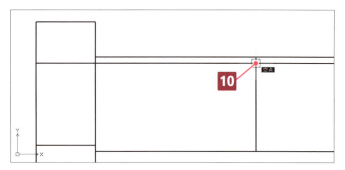

11 ポインタを左斜め上30°の方向に動かし、上の横線に近づけると［交点］のマーカーが表示されるので、クリックする。

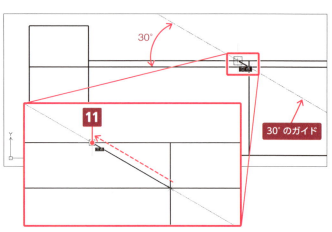

DraftSight 2017の場合は、手順11の代わりに次の手順を実行します。

❶ ポインタを上方向に縦線と横線の交点まで動かす。
❷ ポインタを左に動かし、水平のガイドが表示されたことを確認する。
❸ ポインタをそのまま左にゆっくり動かしていくと、60°、45°、30°のガイドが順に表示されるので、水平のガイドと30°のガイドが両方とも表示された位置をクリックする。

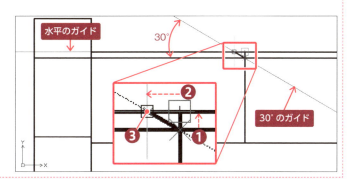

12 [線分]コマンドを終了する。

斜線が作図されます。

1.35 オフセットした横線と斜線の画層を変更します。

13 横線と斜線をクリックして選択する。

14 [ホーム]タブ ─ [画層]パネルで、画層を[02_細線]に変更する。

15 Esc キーを押してエンティティを選択解除する。

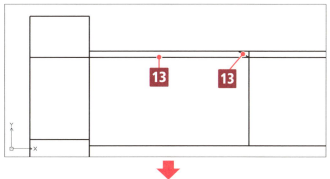

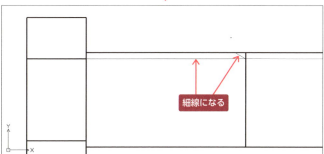

ねじ部の右上角に面取りをします。詳しい手順は、P.224の手順3〜11を参考にしてください。

16 [面取り]コマンドを実行する。

17 モードが「トリム」になっていることを確認する。

18 「D」と入力して Enter キーを押し、[距離(D)]オプションを実行する。

19 「最初の距離」として、「1.5」と入力して Enter キーを押す。

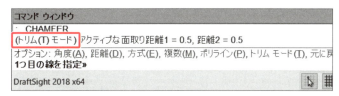

20 「2つ目の距離」として、「1.5」が入力されているので Enter キーを押す。

21 「1つ目の線」として、上の横線をクリックする。

22 「2つ目の線」として、右の縦線をクリックする。

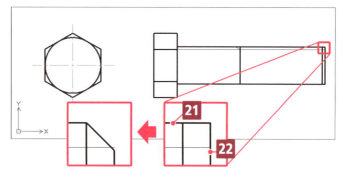

> **HINT** 「最初の距離」と「2つ目の距離」が同じ数値の場合は、縦横どちらを先にクリックしても結果は同じです。

右上角が面取りされ、［面取り］コマンドが自動的に終了します。

23 手順16〜22と同じ要領で、右下角にも同様の面取りをする。

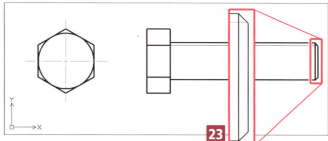

不要な線をトリムします。

24 ［トリム］コマンドを実行する。

25 図のように画面を拡大する。

26 「切り取りエッジ」として、中央の縦線と面取りの斜線を指定し、Enter キーを押して確定する。

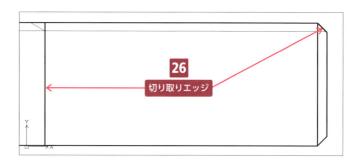

27 「削除するセグメント」として、横の細線の両端をクリックする。

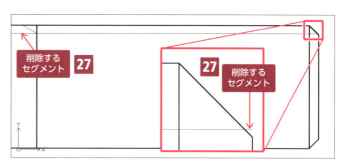

クリックした線が削除されます。

28 ［トリム］コマンドを終了する。

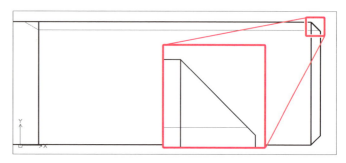

以下の手順で、ねじ部の上半分の鏡像を作成します。詳しくはP.226の手順1〜5を参考にしてください。

29 図のように画面を縮小する。

30 細線2本をクリックして選択する。

31 [鏡像]コマンドを実行する。

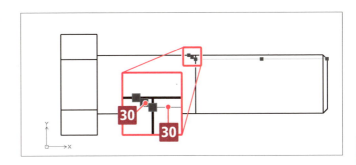

32 「ミラー線の始点」として、左の縦線の中点をクリックする。

33 「ミラー線の終点」として、右の縦線の中点をクリックする。

34 「ソースエンティティを削除しますか?」に対して、「いいえ(N)」を選択する。

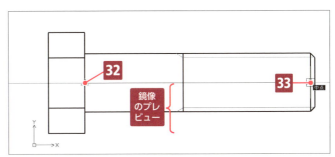

細線2本の鏡像がねじ部の下半分に作成され、[鏡像]コマンドが自動的に終了します。

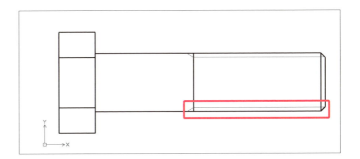

■ 中心線と六角頭の細部を作図する

作図見本に色付きで示したように、中心線と六角頭の細部を作図します。

六角頭の細部は、ゆるやかな山なりに見える部分を円として作図した後に、余分な線や円弧をトリムします。また、上半分を作図した後で、下半分に鏡像を作成します。

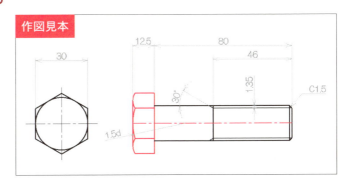

水平線を作図し、画層を変更します。

1 P.244の手順13〜15を参考に、[線分]コマンドを実行し、上下の中点を通る水平線を作図する。

2 作図した線分をクリックして選択する。

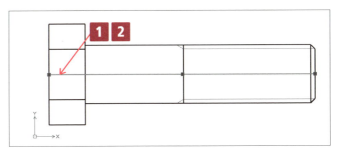

3 [ホーム]タブ －[画層]パネルで、画層を[04_中心線]に変更する。

4 [Esc]キーを押して水平線を選択解除する。

5 [円]コマンドを実行する。

ここではEトラックを使って、円の中心点を指定します。

6 左の縦線の中点にポインタを合わせる（クリックはしない）。

7 ポインタを右に動かして水平のガイドを表示し、「30」と入力して[Enter]キーを押す。

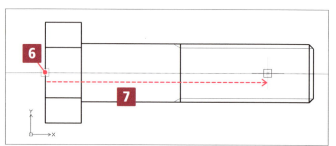

これで、左の縦線の中点から右に30の位置が円の中心点になります。

8 半径として、「30」と入力して[Enter]キーを押す。

HINT 「30」と指定する代わりに、左端の縦線の中点をクリックしてもかまいません。

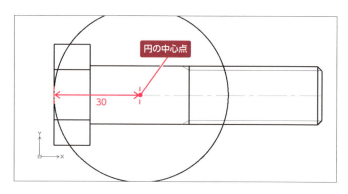

半径30の円が作図され、[円]コマンドが自動的に終了します。

HINT 「作図見本」に記載されている半径の「1.5d」は、ねじの呼び径である20をdとして1.5倍（20×1.5＝30）という意味です。

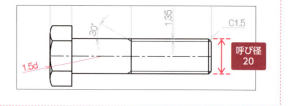

P.248の手順24〜28を参考に、円の要らない部分をトリムします。

9 [トリム]コマンドを実行する。

10 「切り取りエッジ」として、図に示した横線2本をクリックして[Enter]キーを押す。

11 「削除するセグメント」として、円の残したい部分以外をクリックして削除する。

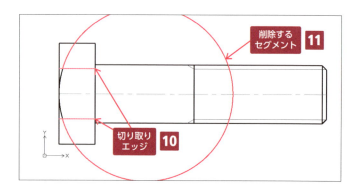

12 ［トリム］コマンドを終了する。

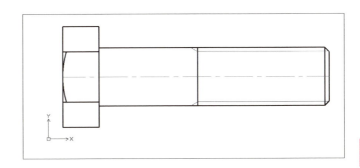

続けて、3点を指定して円を作図します。

13 ［ホーム］タブ －［作成］パネル －
［3点］をクリックして、［円］コマン
ドの［3点］オプションを実行する。

 ［3点］は、［円］アイコン右の［▼］
をクリックすると表示されます。

Column 3点円

［円］コマンドの［3点］オプションは、円周の通過点となる3カ所を指定した円のかきかたです。
ここでかきたい円は、次の図の色付き点部分を通過点の3点として指定します。この3点を指定する順番は問いません。
上下の位置は、先にかいたR30の円弧の終点と、その垂直方向に真上の位置です。
左側の通過点は、A点とB点の中間の位置です。この位置はクリックするときのスナップとなる要素が何もないので、［2点間の中点］というスナップを使って位置の指定をします。［2点間の中点］は、その名の通りクリックした2点の中間の位置をとるスナップです。2点の指定もまた、クリック順は問いません。

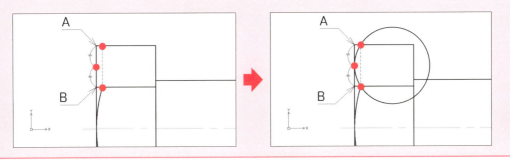

14 コマンドウィンドウに「1つ目の点を指定」と表示されるので、図に示した点をクリックする。

コマンドウィンドウに「2つ目の点を指定」と表示されますが、ここではEスナップ上書きを使って指定します。

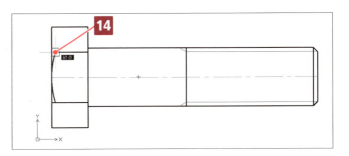

15 キーを押しながら任意の位置を右クリックする。

16 ショートカットメニューから[2点間の中点]を選択する。

> ⚠️ **注意** 通常、右クリックしてショートカットメニューから[Eスナップ上書き]を選択する方法と、Ctrl キーを押しながら右クリックしてじかにEスナップ上書きのメニューを表示する方法のどちらも使えます（P.67の「HINT」参照）。しかし、ここではCtrl キーを押す方法しか使えません。

17 左上の頂点をクリックする。

18 1段下の点をクリックする。

手順17と18でクリックした2点の中点の位置が「2つ目の点」として指定されます。

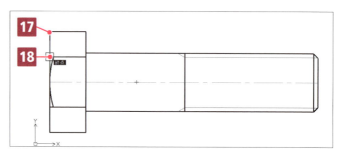

1つ目の点と2つ目の点を通る円のプレビューが表示され、コマンドウィンドウに「3つ目の点を指定」と表示されます。

19 円弧の終点にポインタを合わせる（クリックはしない）。

20 ポインタを真上に動かして垂直のガイドを表示し、横線に近づけると[交点]のマーカーが表示されるので、クリックする。

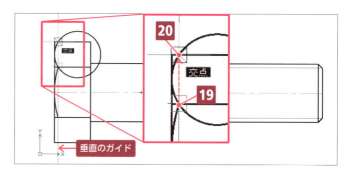

> 💡 **HINT** DraftSight 2017の場合は、手順19～20の代わりに次の手順を実行します。
> ① 円弧の終点にポインタを合わせる（クリックしない）。
> ② ポインタを上に動かし、垂直のガイドが表示されたことを確認する。
> ③ 左上の頂点にポインタを合わせる（クリックしない）。
> ④ ポインタを右に動かし、水平のガイドが表示されたことを確認する。
> ⑤ ポインタをそのまま右に動かし、水平と垂直のガイドが両方とも表示された位置（[交点]のマーカーは表示されない）をクリックする。
>
>

3点とも指定すると、円が確定され[円]コマンドが自動的に終了します。

21 P.250の手順9～12と同じ要領で、図のように円をトリムする。

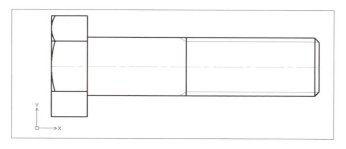

22 [Enter]キーを押して[トリム]コマンドを再び実行する。

23 「切り取りエッジ」として、正面図の全エンティティを選択して[Enter]キーを押す。

24 「削除するセグメント」として、A〜Eの順で線をクリックして削除する。

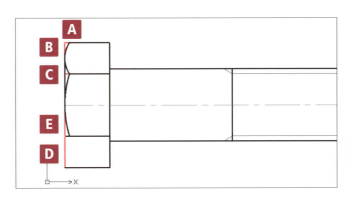

トリムで削除できない部分が残っているので、[消去(R)]オプションを使って削除します。

25 「R」と入力して[Enter]キーを押す。

26 コマンドウィンドウに「エンティティを指定」と表示されるので、要らない線(F、G)をクリックして選択する。

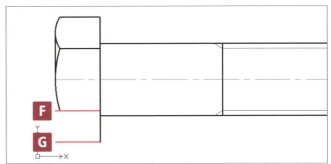

27 [Enter]キーを押して選択を確定する。

選択した線が削除されます。

28 [トリム]コマンドを終了する。

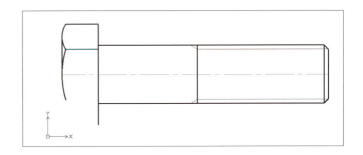

以下の手順で、六角頭の上半分の鏡像を作成します。詳しくはP.226の手順1〜5を参考にしてください。

29 図のように、エンティティを選択する。

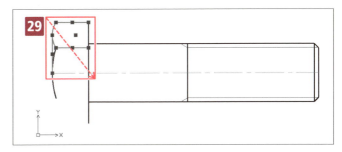

30 [鏡像]コマンドを実行する。

31 ミラー線の始点と終点として、中心線上の2点をクリックする。

32 「ソースエンティティを削除しますか?」に対して、「いいえ(N)」を選択する。

六角頭の上半分の鏡像が下半分に作成され、[鏡像]コマンドが自動的に終了します。

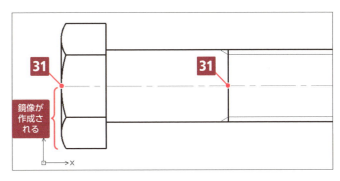

■ グリップを使って中心線を延長する

作図見本に色付きで示したように、中心線を左右に延長します。

ここではグリップを使い、数値指定で左右に3ずつ伸ばします。

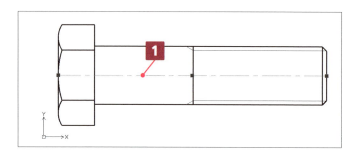

1. 中心線をクリックして選択する。

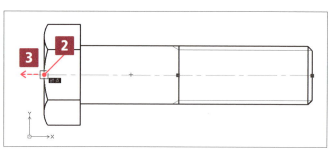

2. グリップが表示されるので、左のグリップをクリックする。

3. クリックしたグリップが赤くなるので、そのままポインタを左に動かして水平のガイドを表示する。

4. 「3」と入力して Enter キーを押す。

中心線が左方向に3伸びます。

5. 手順2〜4と同じ要領で、中心線を右方向に3伸ばす。

6. Esc キーを押して中心線を選択解除する。

これで正面図は完成です。

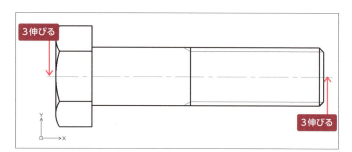

 ここまでの手順を終えた状態の図面ファイルが、教材データに「4-3-5.dwg」として収録されています。

4-3-5 作図の仕上げ

最後に作図の仕上げとして、寸法を記入して位置を整えます。

■ 寸法を記入する

作図見本に色付きで示したように、寸法を記入します（「1.5d」についてはP.250の「HINT」を参照）。

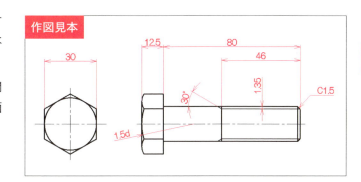

作図見本

1. 練習用ファイル「4-3-5.dwg」を開く（または 4-3-2 で作成した図面ファイルを引き続き使用）。

2. ［ホーム］タブ ― ［画層］パネルで、画層を［08_寸法］に変更する。

3. 図の状態まで寸法を記入する。

長さ寸法や継続寸法、並列寸法の記入のし方についてはP.99「3-1-5 寸法の記入」を参考に、角度寸法「30°」についてはP.204の手順1〜3を参考に、半径寸法「R30」と面取り寸法「C1.5」についてはP.216の手順6〜17を参考にしてください。

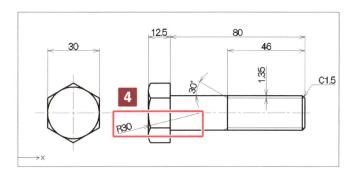

4. 「R30」の寸法をクリックして選択する。

5. プロパティパレットの［文字］項目にある[文字上書き]欄に「1.5d」と入力して Enter キーを押す。

「R30」の寸法が「1.5d」に変更されます。

6. Esc キーを押して寸法を選択解除する。

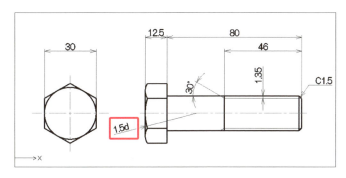

■ 位置を整える

枠外にはみ出した寸法などがあったり、全体の位置が片寄っていたりする場合、全体の移動を行い、位置を整えます。

ここでは右端の面取りの引出線と図枠の間隔が狭いので、［移動］コマンドを使って、高さを変えずに正面図全体を左に移動します。

1. 移動したいエンティティを選択する。

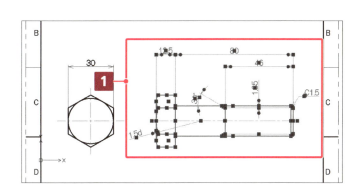

2 ［ホーム］タブ―［修正］パネル―［移動］をクリックする（あるいは「MOVE」または「M」と入力して Enter キーを押す）。

> HINT ［移動］は、［コピー］アイコン右の［▼］をクリックすると表示されます。

3 コマンドウィンドウに「始点を指定」と表示されるので、任意の位置をクリックする。

> HINT 始点はどこでもかまいませんが、下の混み合っていない空白部分あたりがよいでしょう。

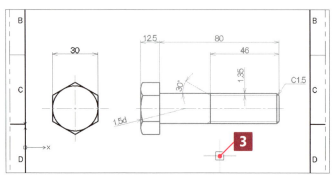

4 コマンドウィンドウに「目的点を指定」と表示されるので、ポインタをまっすぐ左方向に動かして左方向のガイドを表示する。

5 そのまま左方向に、右端の面取りの引出線と図枠との間隔が狭くならない位置まで移動してクリックする。

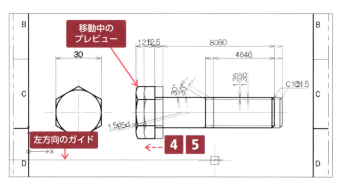

> HINT 手順5の代わりに数値を入力して Enter キーを押し、その距離だけ移動させることもできます。

エンティティが移動されたら、［移動］コマンドは自動的に終了します。

これで六角ボルトの図面は完成です。

6 図面ファイルに名前を付けて保存する。

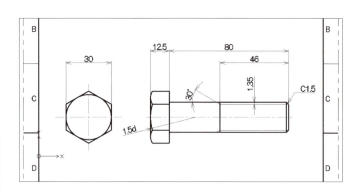

> HINT ここまでの手順を終えた状態の図面ファイルが、教材データに「4-3-5_完成.dwg」として収録されています。

図面を編集する／便利なその他コマンド

この章では、図面の編集を行います。第4章で作成した六角ボルトの図面の修正と、形状の回転および分割の練習をしながら、図面編集の方法を習得します。また、本書の実習では使用しませんでしたが、知っておくと便利なコマンドをいくつか紹介するので、それも併せて覚えておきましょう。

5-1 　六角ボルトの図面の修正
5-2 　[回転] コマンドの練習
5-3 　[点で分割] コマンドの練習
5-4 　知っておくと便利なその他のコマンド

5-1 六角ボルトの図面の修正

📄 5-1-2.dwg

既存の六角ボルトの形状を修正しながら、尺度の変更やストレッチなどのCAD操作を学びましょう。この章では、学習済みのコマンドは実行手順を簡略化している（単に「[○○] コマンドを実行する」のように記載）ので、コマンドの使い方を覚えているか復習しながら操作してみてください。

5-1-1 この節で学ぶこと

この節では、4-3で作図したM20（ねじの呼び径が20mm）の六角ボルトのサイズを修正して、M16（ねじの呼び径が16mm）の六角ボルトの図面を作りながら、以下の内容を学習します。

ボルトの頭の大きさと軸の太さは尺度を変更して、またその他の部分はストレッチで長さを変えたり、面取りを作り直したりして仕上げます。

CAD操作の学習
- 尺度を変更する
- ストレッチでエンティティの長さを変更する
- エンティティを延長する

その他の学習
- 既存図面の流用のしかた

練習用図面

修正前の図面（M20の六角ボルト）

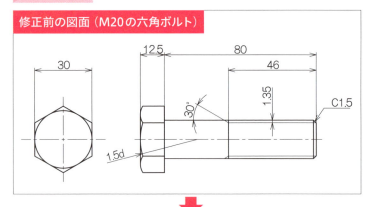

修正後の図面（M16の六角ボルト）

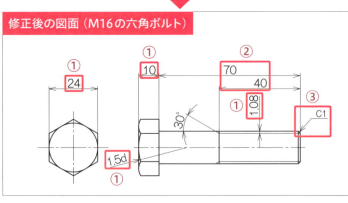

①尺度を変更したときに自動的に小さくなる部分
②尺度を変更した後にストレッチで指定の位置に変更
③面取りし直して引出線の文字を修正
※「30°」は、ボルトの長さや呼び径が変わっても変えない

この節で学習するCADの機能

[尺度] コマンド
（SCALE／
エイリアス：SC）

●機能
形状の比率はそのままでサイズを変更するコマンドです。

●基本的な使い方
1　尺度を変更したいエンティティを選択する。
2　[尺度] コマンドを実行する。
3　尺度を指定する。

[ストレッチ] コマンド
（STRETCH／
エイリアス：S）

●機能
交差選択の枠内に含まれるエンティティを伸び縮みさせます。枠内に完全に含まれるエンティティは、伸び縮みせずに移動します。
※ストレッチの対象にならないエンティティのタイプもあります。

●基本的な使い方
1　[ストレッチ] コマンドを実行する。
2　ストレッチ範囲を選択する（必ず交差選択）。
3　始点を指定する。
4　宛先を指定する。

[延長] コマンド
（EXTEND／
エイリアス：EX）

●機能
境界エッジとして指定したエンティティまで、選択したエンティティを延長するコマンドです。
延長したいエンティティを指定するときに Shift キーを押しながらクリックすることで、[トリム] コマンドのように境界エッジまで縮めることもできます。

●基本的な使い方
1　[延長] コマンドを実行する。
2　境界エッジを指定する。
3　延長したいセグメントの延長したい側をクリックして指定する。

5-1-2　準備

1　DraftSight を起動する。
2　練習用ファイル「5-1-2.dwg」を開く（または 4-3 で完成させた六角ボルトの図面ファイルを使用）。
3　図面ファイルに名前を付けて保存する。

 注意　既存の図面を流用して他図面を作るときは、必ず [名前を付けて保存] するか、コピーを作成して作業を行います。うっかり修正後のデータに上書きしてしまうことを避けるためです。

5-1-3　尺度と長さの変更

六角ボルトの尺度と長さを変更します。

■ **尺度を変更する**

元のM20をM16に変更するために、まず［尺度］コマンドで大きさを変えます。

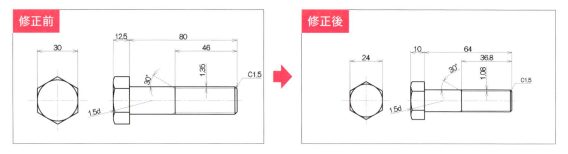

1. ボルトの側面図（六角部分）と正面図がよく見えるように、画面を拡大する。

2. 側面図と正面図をすべて選択する。

図は選択した状態です。

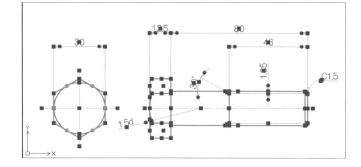

3. ［ホーム］タブ →［修正］パネル →［尺度］をクリックする（あるいは「SCALE」または「SC」と入力してEnterキーを押す）。

 ［尺度］は、［コピー］アイコン右の［▼］をクリックすると表示されます。

4. コマンドウィンドウに「基点を指定」と表示されるので、基点に指定する位置をクリックする。

基点はどこでもかまいませんが、ここでは図に示した位置を基点にします。

 「基点」は図面上で動かしたくない点を指定します。基点を中心に、尺度が変更されます。

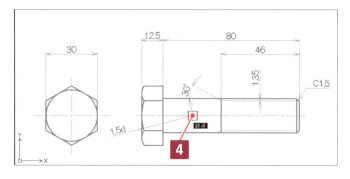

5. コマンドウィンドウに「尺度係数を指定」と表示されるので、「16/20」と入力してEnterキーを押す。

 「尺度係数」に指定した数値は倍率を表します。体積や面積基準ではなく、長さ基準での倍率です。「2」と指定すれば2倍の長さになり、「0.5」と指定すれば半分の長さになります。

ねじの呼び経の20が16に尺度変更され、[尺度] コマンドが自動的に終了します。

面取りの引出線の矢印は、記入時の長さによっては図のように非表示になる場合もあるのですが、ここはこのままにして後で調整します。

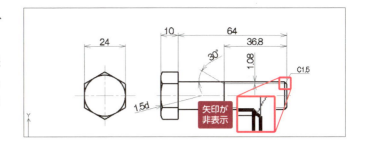

■ 全長とねじ部の長さを修正する目印を作る

修正見本に色付きで示したように2本の構築線を作図して、それを後でボルトの軸の全長およびねじ部の長さを修正する際の目印とします。軸の全長は64から70に、ねじ部の長さは36.8から40に変更するので、目印はその変更後の位置を示すものにします。

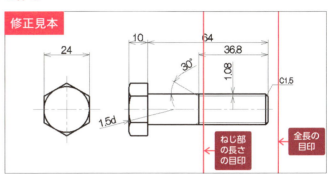

1 ［構築線］コマンドを実行する。

コマンドウィンドウに「位置を指定」と表示されますが、指定せずに［オフセット（O）］オプションを使います。

2 「O」と入力して Enter キーを押す。

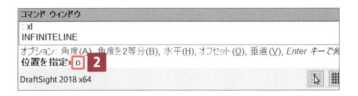

3 コマンドウィンドウに「目的の距離を指定」と表示されるので、「70」と入力して Enter キーを押す。

4 「ソースエンティティ」として、頭部分の右の縦線をクリックする。

5 「目的の側」として、縦線より右側をクリックする。

クリックした縦線から右に70の位置に、縦の構築線が作図されます。

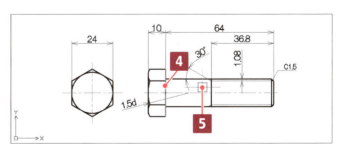

6 ［構築線］コマンドを終了する。

続けて、構築線をもう1本作図します。

7 ［構築線］コマンドを再び実行する。

8 ［オフセット（O）］オプションを使い、「目的の距離」として「40」を指定する。

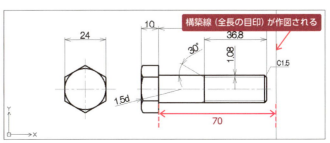

9 「ソースエンティティ」として、手順1～6で作図した構築線を指定する。

10 「目的の側」として左側を指定する。

クリックした縦線から左に40の位置に、縦の構築線が作図されます。

11 ［構築線］コマンドを終了する。

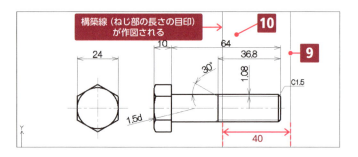

■［ストレッチ］コマンドで全長とねじ部の長さを変更する

［ストレッチ］コマンドを使って、修正見本に色付きで示したように全長とねじ部の長さを変更します。

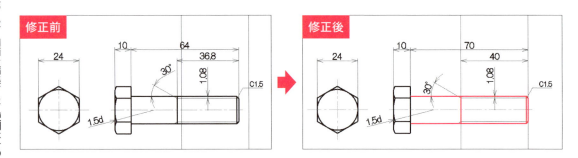

1 ［ホーム］タブ－［修正］パネル－［ストレッチ］をクリックする（あるいは「STRETCH」または「S」と入力して Enter キーを押す）。

> **HINT** ［ストレッチ］は、［コピー］アイコン右の［▼］をクリックすると表示されます。

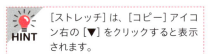

2 コマンドウィンドウに「エンティティを指定」と表示されるので、必ず右側から交差選択で、図に示した範囲を囲む。

囲み終わると、図に色付きで示したように選択されます。

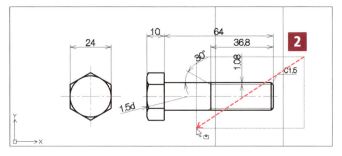

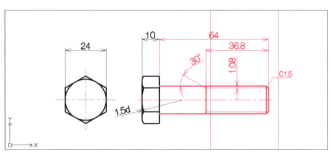

3 コマンドウィンドウに「エンティティを指定」と表示されるが、これ以上エンティティは選択しないので Enter キーを押して確定する。

4 コマンドウィンドウに「始点を指定」と表示されるので、ボルトの右の先端の中点をクリックする。

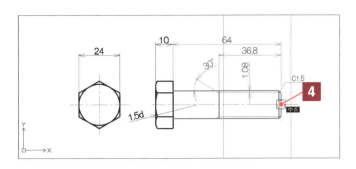

5 コマンドウィンドウに「目的点を指定」と表示されるので、右の構築線に垂直に交わる位置をクリックする。

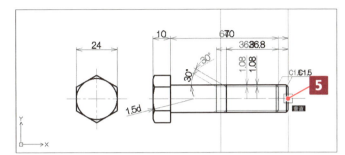

ねじ部が右に引き伸ばされ、[ストレッチ] コマンドが自動的に終了します。

線分の寸法の「36.8」部分はそのままに、「64」部分が「70」に伸びていることを確認します。

6 Enter キーを押して [ストレッチ] コマンドを繰り返し、ねじ部の左の縦線と30°の斜線が入るように交差選択で囲む。

7 Enter キーを押して選択を確定する。

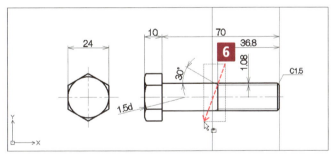

8 始点として、ねじ部の左の縦線の中点をクリックする。

9 目的点として、左側の構築線に垂直に交わる位置をクリックする。

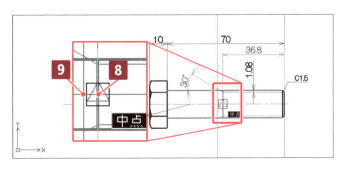

ねじ部が左に引き伸ばされ、［ストレッチ］コマンドが自動的に終了します。

ねじ部の長さを変更し終わったので、不要になった構築線を削除します。

10 構築線2本をクリックして選択する。

11 [Delete]キーを押す。

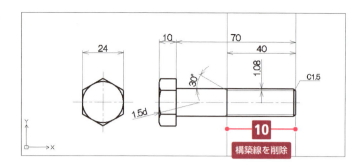

Column　ストレッチについて

ストレッチの伸縮や変形にはエンティティのグリップが大きく関わります。選択には必ず交差選択を使いますが、交差選択の枠内に入った終点グリップは移動し、枠内に入らなかった終点グリップの位置は変わらず、その場にとどまります。すべての終点グリップが交差選択の枠内に入ったエンティティは、変形せずに移動します。

例として、四角形を作図して選択すると、❶のようにグリップが表示されます。

ポリラインの中点グリップは●、線分や円弧の中点グリップは■と、選択時に見た目で区別ができるようになっています。

※［四角形］コマンドや［ポリゴン］コマンドでかいた形状もポリラインに分類されるので、中点グリップは●です。

［ストレッチ］コマンドを実行し、❷のように交差選択すると、四角形の上の2つの終点グリップが選択されます。

流れとしてはこの後[Enter]キーで選択を確定し、始点と目的点を指定します。

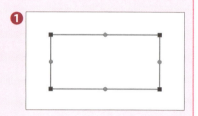

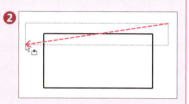

始点から目的点の方向と距離によって、❸-A、❸-B、❸-Cのような結果になります。

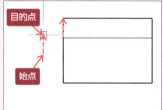  

始点と目的点の方向・距離の関係がそのまま、移動するグリップ（交差選択の枠内に入れたグリップ）の移動方向・距離になります。

ストレッチで移動するのは終点のグリップなので、終点の存在しない構築線や円はストレッチの対象になりませんが、円の場合はエンティティ選択時に交差選択内に円の中心点グリップが入った場合のみ、影響を受けます。このとき、円は伸縮せず移動します。

寸法は、記入時に補助線の指定としてクリックしたグリップやエンティティがストレッチで移動すると追従しますが、その場合も寸法補助線と寸法線の角度が変わることはありません。

■ 面取り部を修正する

修正見本に色付きで示したように、面取り部を修正します。まず既存の面取りを削除してから、新しい面取りを作図します。そして、引出線の文字と矢印の表示の有無、位置も修正します。

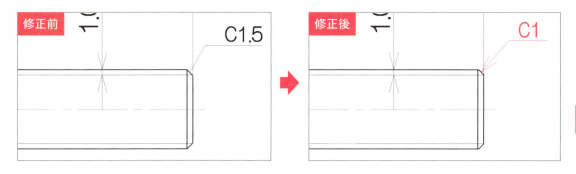

1 面取り部分がよく見えるように画面を拡大する。

まず既存の面取りを削除します。

2 右上と右下の面取り（斜線のみ）をクリックして選択し、Delete キーを押して削除する。

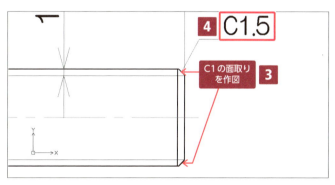

続けて、新しい面取りを作図します（詳しい手順は、P.224の手順3～11を参考にしてください）。

3 ［面取り］コマンドを実行し、C1の面取りを右上と右下に作る。

「C1.5」の引出線の文字を「C1」に修正します。

4 「C1.5」の文字をダブルクリックする。

文字部分に入力ポインタが表示され、［注釈の編集］ツールバーが表示されます。

5 文字を「C1」に直す。

6 [注釈の編集]ツールバーのチェックボタンをクリックする。

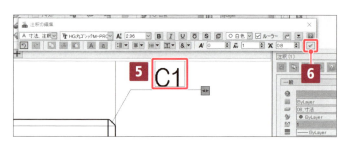

文字は修正しましたが、引出線の先端の矢印が表示されておらず、また先端が面取りの斜線からわずかにずれています。そこで、矢印を表示させ、位置も修正します。

7 「C1」の文字のみをクリックして選択する。

8 C1のグリップが表示されるので、クリックする。

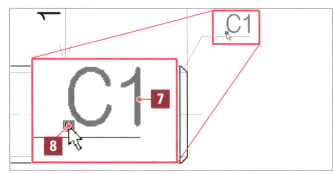

9 グリップが赤くなったら、ポインタを右上に動かしてクリックする。

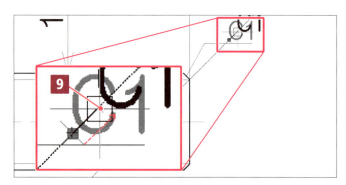

これで文字の位置が移動します。引出線の先端と文字の間隔がある程度離れると、矢印が表示されます。

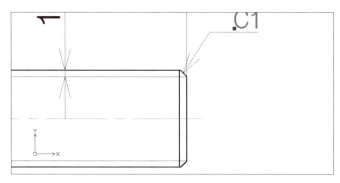

10 手順7～9と同じ要領で、引出線のグリップを動かして位置を調整する。

 HINT 文字を移動したときは引出線も一緒についてきましたが、引出線を移動しても文字は一緒に動きません。

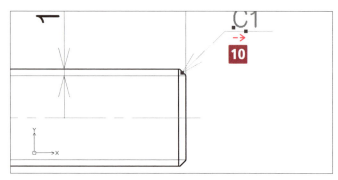

11 手順7～9と同じ要領で、矢印先端のグリップを面取りの斜線の中点まで移動する。

12 [Esc]キーを押して引出線を選択解除する。

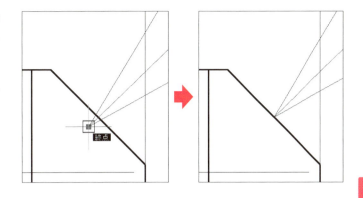

■ ねじ部の谷の線分を延長し、エッジの縦線を移動する

修正見本に色付きで示したように、ねじ部の谷の線分を延長し、エッジの縦線を移動します。

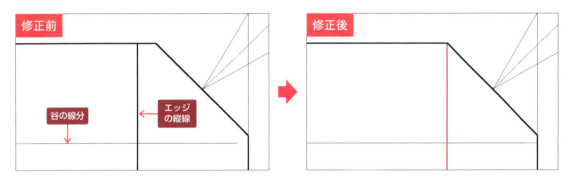

まず、ねじ部の谷の線分を延長します。

1 [ホーム]タブ －[修正]パネル －[延長]をクリックする（あるいは「EXTEND」または「EX」と入力して[Enter]キーを押す）。

> **HINT** [延長]は、[パワートリム]アイコン右の[▼]をクリックすると表示されます。

2 コマンドウィンドウに「境界エッジを指定」と表示されるので、ねじ部先端の縦線をクリックして指定し、[Enter]キーを押して確定する。

3 コマンドウィンドウに「延長するセグメントを指定」と表示されるので、谷の線分の中点より右をクリックする。

谷の線分が延長されます。

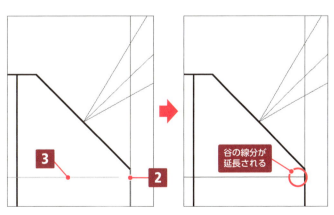

4 続けて下側の谷の線分もクリックして延長する。

5 [Enter]キーまたは[Esc]キーを押して[延長]コマンドを終了する。

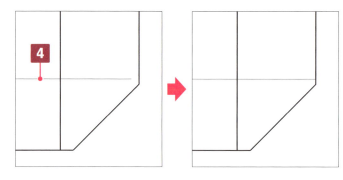

エッジの縦線を移動します。

6 P.255の手順1〜5を参考に、[移動]コマンドを実行して、面取りエッジの縦線を頂点が合う位置に移動する。

 移動の始点として図の**A**の位置、目的点として**B**の位置をクリックすると、正確に移動できます。

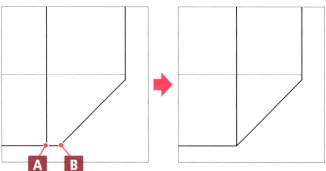

5-1-4 作図の仕上げ

作図の仕上げとして、図枠の表題欄を修正し、保存します。

1 図枠をクリックして選択する。

2 プロパティパレットで[ブロック属性]項目の[図面番号]欄を図のように修正し、[Enter]キーを押す。

3 必要に応じて[名称]欄、[製図日]欄も修正し、[Enter]キーを押す。

4 入力した値が図枠の表題欄に反映されたことを確認する。

5 ファイル名が元の図面ファイルと変わっている（P.259の手順で名前を変更済みである）ことを確認し、上書き保存する。

 ここまでの手順を終えた状態の図面ファイルが、教材データに「5-1-4_完成.dwg」として収録されています。

5-2 [回転] コマンドの練習

📄 5-2-2.dwg

既存図面の一部の形状の角度を修正しながら、回転のCAD操作を学びましょう。

5-2-1 この節で学ぶこと

この節では、形状の角度を修正します。次の図面下段の一部の形状を、上段の図にならって回転する練習をしながら、以下の内容を学習します。

CAD操作の学習

- エンティティを回転する
  - 現在位置からの角度を数値で指定
  - 任意の位置を指定

練習用図面

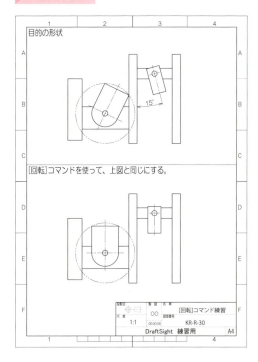

この節で学習するCADの機能

[回転] コマンド
（ROTATE／
エイリアス：RO）

● 機能
形状を回転させるコマンドです。数値を入力、または回転後の位置をクリックして角度を指定します。複数のエンティティをまとめて回転させることができます。

● 基本的な使い方
1. 回転させたいエンティティを選択する。
2. [回転] コマンドを実行する。
3. 回転軸を指定する。
4. 回転角度を指定する。

[回転] コマンドの
[参照（R）] オプション

● 機能
エンティティを回転させるときに、「現在位置から何度」ではなく、「基準角度（0°）から何度」と指定するオプションです。オプションを使わない場合と同様に、回転後の位置をクリックで指定することもできます。

5-2-2 現在位置からの角度を数値で指定して回転

修正見本に色付きで示したように、右上の四角形（画面上ではピンク色）を現在位置から反時計回りに15°回転させます。

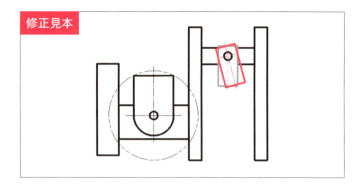

1. DraftSightを起動する。
2. 練習用ファイル「5-2-2.dwg」を開く。
3. 図のように、修正前の図（下段の図）を拡大する。

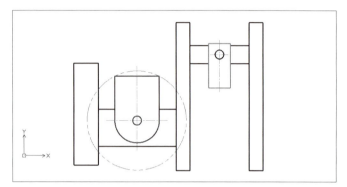

4. 右上の四角形（画面上ではピンク色）と十字中心線を選択する。

図は選択した状態です。

 円は選択しても、しなくてもかまいません。この場合、回転しても見た目に変化がないからです。

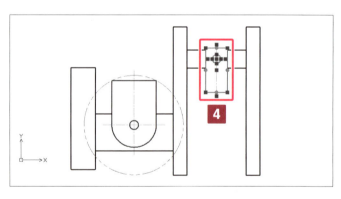

5. ［ホーム］タブ ー ［修正］パネル ー ［回転］をクリックする（あるいは「ROTATE」または「RO」と入力してEnterキーを押す）。

 ［回転］は、［コピー］アイコン右の［▼］をクリックすると表示されます。

6 コマンドウィンドウに「回転軸を指定」と表示されるので、円の中心点をクリックする。

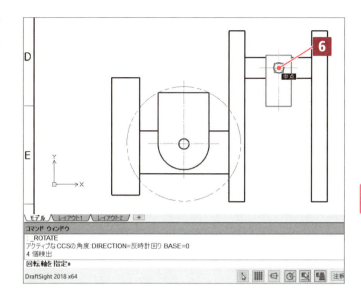

7 コマンドウィンドウに「回転角度を指定」と表示されるので、「15」と入力して Enter キーを押す。

四角形と十字中心線が反時計回りに15°回転し、[回転]コマンドが自動的に終了します。

 HINT 手順7で数値を入力する代わりにポインタを動かすと、その動きに合わせてプレビューが回転します。そこで任意の位置まで動かし、クリックで角度を確定して回転させることもできます。

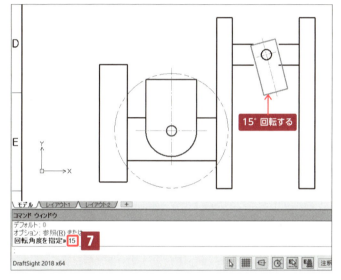

8 図のように画面を拡大する。

四角形を回転させたために、四角形と横線がうまく接続されていません。そこで、続けて横線の処理をします。

9 [トリム]コマンドを実行する。

10 「切り取りエッジ」として、回転した四角形をクリックして選択し、Enter キーを押して確定する。

11 「削除するセグメント」として、はみ出ている横線をクリックする。

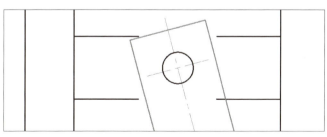

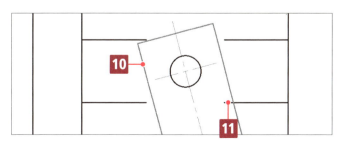

はみ出ている横線が削除されます。

続けて、[トリム]コマンドを実行したまま、長さが不足している横線を延長します。

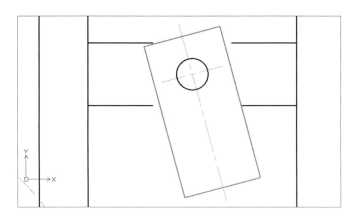

12 「削除するセグメント」として、[Shift]キーを押しながら左下の横線をクリックする。

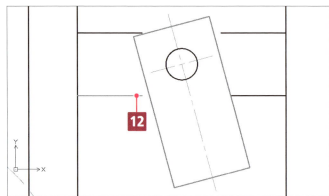

左下の横線が延長されます。

 HINT [トリム]コマンドを実行中に、削除するセグメントを[Shift]キーを押しながらクリックして指定すると、そのセグメントを切り取りエッジまで延長できます。
延長には、P.267の手順**1**〜**5**の要領で[延長]コマンドを使うこともできます。

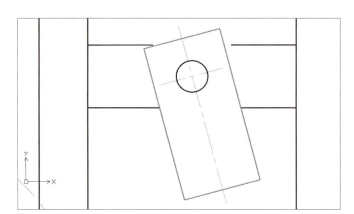

13 手順**12**と同じ要領で、図に示した2カ所を延長する。

14 [トリム]コマンドを終了する。

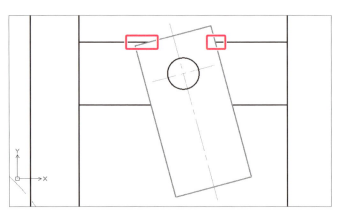

15 画面を縮小して、上段の図（見本）と下段の図を見比べる。

ピンク色の四角形と十字中心線の回転、および上下の横線の処理が見本通りに完成したことを確認できます。

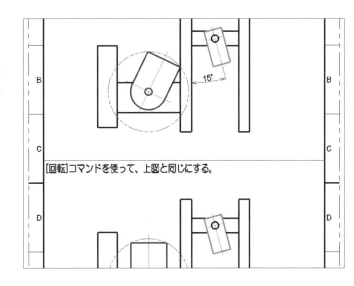

5-2-3 任意の位置を指定して回転

修正見本に色付きで示したように、左下の形状（画面上では青色）を右の長方形の辺に付くまで回転させます。

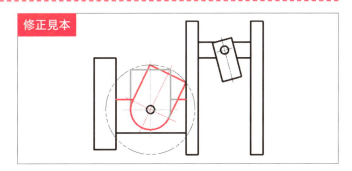

1 5-2-2で開いた図面ファイルを引き続き使用し、図のように画面を拡大する。

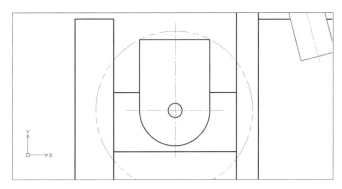

2 青い形状を左からウィンドウ選択する。

図は選択した状態です。十字中心線も含めて選択します。

 HINT 円は選択しても、しなくてもかまいません。この場合、回転しても見た目に変化がないからです。

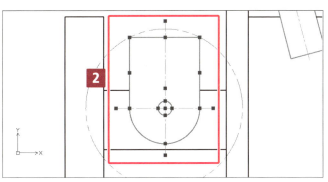

3 P.270の手順5〜6を参考に、[回転]コマンドを実行し、「回転軸」として円の中心点をクリックする。

コマンドウィンドウに「回転角度を指定」と表示されますが、ここでは[参照(R)]オプションを使います。

4 「R」と入力してEnterキーを押す。

5 コマンドウィンドウに「参照角度を指定」と表示されるので、再び円の中心点をクリックする。

6 コマンドウィンドウに「2つ目の点を指定」と表示されるので、右上の角をクリックする。

回転のプレビューが表示され、コマンドウィンドウに「新しい角度を指定」と表示されます。

7 図に示した位置（[交点]のスナップマーカーが表示される位置）をクリックする。

四角形と十字中心線が回転し、[回転]コマンドが自動的に終了します。

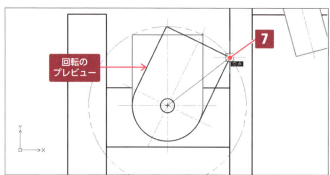

> **HINT** [参照(R)]オプションを使うと、クリックで角度を指定する際、形状の任意の頂点（手順6で指定）を任意の位置（手順7で指定）に合わせるように回転できます。
> なお、手順7の「新しい角度」を数値で指定することもできます。たとえば「15」と指定すれば、手順5〜6で指定した線が基準角度（0°、つまり右水平）から反時計回りに15°の位置に合うように回転します。

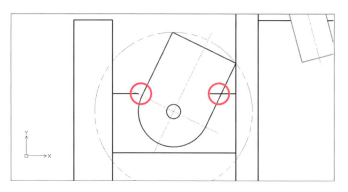

形状を回転させたために、形状と横線がうまく接続されていません。そこで、続けて横線の処理をします。

8 P.271の手順9〜14を参考に、[トリム]コマンドを実行して、はみ出た横線は短縮し、長さが不足している横線は延長する

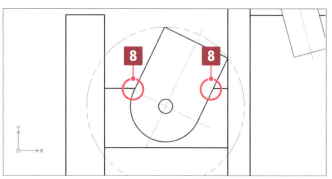

5-3 ［点で分割］コマンドの練習

📄 5-3-2.dwg

既存図面のエンティティを分割し、図面を修正しながら、［点で分割］のCAD操作を学びましょう。

5-3-1 この節で学ぶこと

この節では、エンティティの分割を行い、図面を修正する練習をします。次の図面下段の図を、上段と同じ（部分的にかくれ線）になるように修正しながら、以下の内容を学習します。

CAD操作の学習

- エンティティを分割する

練習用図面

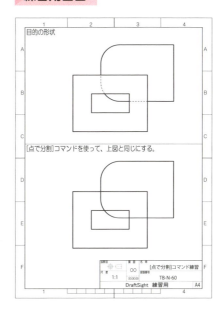

この節で学習するCADの機能

［分割］コマンド
（SPLIT／
エイリアス：BR）

● 機能
1つのエンティティを2つに分割するコマンドです。エンティティを選択するときにクリックした位置から、2点目として指定した位置までを削除して分割します。

● 基本的な使い方
1 ［分割］コマンドを実行する。
2 分割したいエンティティをクリックして選択する。
3 2点目の分割位置を指定する。

［点で分割］コマンド
（SPLIT@POINT／
エイリアスなし）

● 機能
［分割］コマンドと同様、1つのエンティティを2つに分割するコマンドです。エンティティを選択するときにクリックした位置とは関係なく、「分割位置」を指定して分けます。

● 基本的な使い方
1 ［点で分割］コマンドを実行する。
2 分割したいエンティティをクリックして選択する。
3 分割位置を指定する。

1つのエンティティを分割するコマンドとして、[分割]コマンドと[点で分割]コマンドがあります。[点で分割]コマンドは[分割]コマンドの「1点目」と「2点目」を一度のクリックで同じ位置として指定するもので、[分割]コマンドのオプション的なコマンドといえます。

5-3-2　かくれ線に変更するエンティティの分割

修正見本に色付きで示したように、かくれ線に変更するエンティティを分割します。

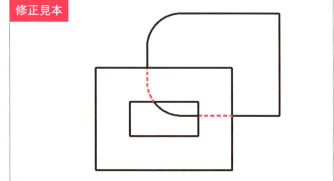

1 DraftSightを起動する。

2 練習用ファイル「5-3-2.dwg」を開く。

3 図のように、修正前の図（下段の図）を拡大する。

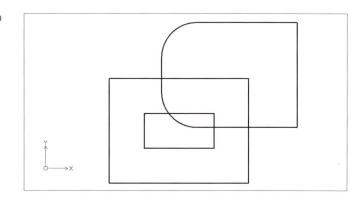

4 [ホーム]タブ －[修正]パネル －[点で分割]をクリックする（または「SPLIT@POINT」と入力してEnterキーを押す）。

[点で分割]は、[結合]アイコン右の[▼]をクリックすると表示されます。

5 コマンドウィンドウに「エンティティを指定」と表示されるので、分割する線分をクリックして選択する。

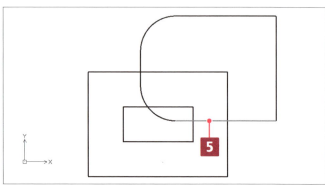

6 コマンドウィンドウに「1つ目の分割点を指定」と表示されるので、分割位置をクリックする。

1つのエンティティが2つに分割され、[点で分割]コマンドが自動的に終了します。

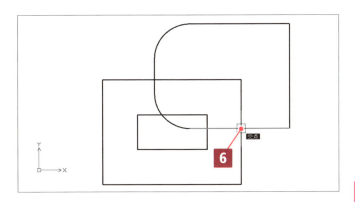

> 分割した線分にポインタを重ねると、エンティティが分割されたことを確認できます。

7 Enter キーを押して[点で分割]コマンドを再び実行する。

> [点で分割]コマンド終了後に Enter キーを押すと、DraftSight 2018では[点で分割]コマンドが繰り返し実行されますが、DraftSight 2017では[分割]コマンドが実行されます(この挙動の違いは、[点で分割]が[分割]から派生したコマンドであることが関係していると思われます)。そのため、DraftSight 2017の場合は、手順 **7** で Enter キーを押さずに[点で分割]アイコンを再びクリックしてください。

Column [分割]コマンドを使う場合

[分割]コマンドを実行した場合は、最初のクリック(エンティティ選択と「1つ目の分割点」の指定を兼ねている)の位置と、「2つ目の分割点」としてクリックした位置の間が削除されます(図)。
ただし[分割]コマンドでも、[点で分割]コマンドと同じことを行えます。そのためには、[分割]コマンドを実行し、エンティティを選択した後に、「F Enter 」と入力して[1点目(F)]オプションを実行し、「1つ目の分割点」と「2つ目の分割点」として同じ位置をクリックします。

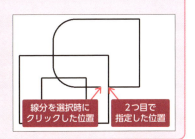

8 コマンドウィンドウに「エンティティを指定」と表示されるので、分割する線分をクリックして選択する。

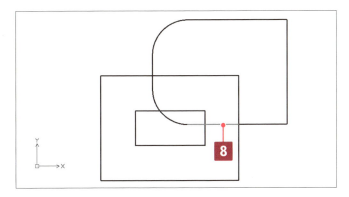

9 コマンドウィンドウに「1つ目の分割点を指定」と表示されるので、分割位置をクリックする。

1つのエンティティが2つに分割され、[点で分割]コマンドが自動的に終了します。

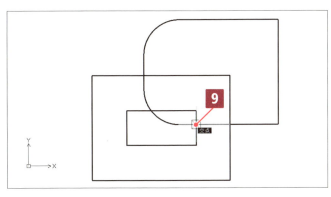

同じ要領で、残りの分割も行います。

10 ［点で分割］コマンドを実行し、左下のフィレット部分の円弧を分割する。

11 ［点で分割］コマンドを実行し、左上の縦線を分割する。

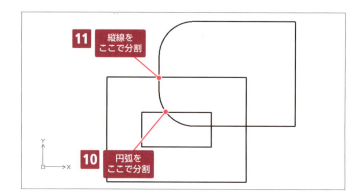

分割したエンティティの画層を［03_かくれ線］に変更します。

12 分割したエンティティ(縦線、円弧、横線)をクリックして選択する。

13 ［ホーム］タブ−［画層］パネルで、画層を［03_かくれ線］に変更する。

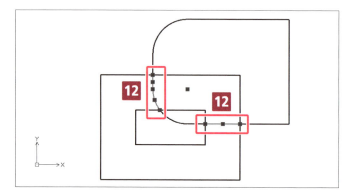

選択したエンティティがかくれ線（破線）になります。

14 Esc キーを押してエンティティを選択解除する。

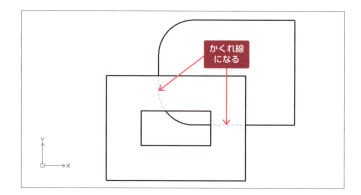

5-4 知っておくと便利なその他のコマンド

練習用ファイルなし

最後に、本書の実習では使用しませんでしたが、知っておくと便利なその他のコマンドを紹介します。

5-4-1 リング形状を作成する [リング] コマンド

●機能

[リング] コマンドは、リング形状を作成するコマンドです。機械製図では、右図のように実体がない部分に寸法を記入するときの基点の位置を示すのに使うことがあります。

[リング] コマンドを使うには、[ホーム] タブ－[作成] パネル－[リング] をクリックします（左図）。もしくは「RING」またはエイリアス「DO」を入力して Enter キーを押します。

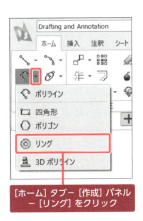

[ホーム] タブ－[作成] パネル－[リング] をクリック

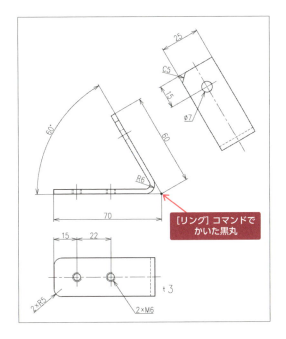

[リング] コマンドでかいた黒丸

●基本的な使い方

1. [リング] コマンドを実行する。
2. 内側の径を指定する。
3. 外側の径を指定する。
4. 配置する位置をクリックする（複数可）。
5. コマンドを終了する。

※上の右図では内側の径を「0」、外側の径を「1.5」で作図してあります。
内側の径を「0」にすることで、このように塗りつぶした●にすることができます。

5-4-2 点を作成する [点] コマンド

●機能

[点] コマンドは点を作成するコマンドです。点は作図中の目印に使うことがあります。点はそのままでは図中のどこにあるかわかりにくいので、×など形を変えて表示します。表示する形状は、[オプション] ダイアログボックス（P.33参照）を表示し、[作図設定] の [点] の [タイプ] から選択します（右図）。

点の配置にはクリック、相対座標入力、絶対座標入力、エンティティトラック（Eトラック）を使った始点設定などが使えます。

［点］コマンドを使うには、「POINT」またはエイリアス「PO」を入力してEnterキーを押します。もしくはクラシックユーザーインタフェース（P.38参照）に切り替えて、メニューバーから［作成］ー［点］ー［単一点］または［複数点］を選択します（左図）。

 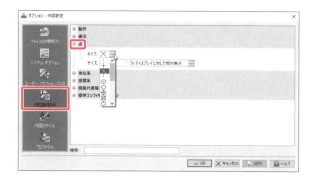

● 基本的な使い方

1 ［点］コマンドを実行する。
2 位置を指定する。

5-4-3 均等に点を配置する［マーク分割］コマンド

● 機能

［マーク分割］コマンドは、指定したエンティティを均等に分割した位置に点を配置するコマンドです。点の形状は、［点］コマンドの［設定（S）］オプションで設定したものが使われます。

［マーク分割］コマンドを使うには、「MARKDIVISIONS」またはエイリアス「DIV」を入力してEnterキーを押します。もしくはクラシックユーザーインタフェース（P.38参照）に切り替えて、メニューバーから［作成］ー［点］ー［マーク分割］を選択します（上の左図）。

次の図では、線分を5分割する位置に点を打っています。

● 基本的な使い方

1 ［マーク分割］コマンドを実行する。
2 分割位置を作りたいエンティティを選択する。
3 セグメント数（分割数）を入力する。

第3章から第5章までに解説してきたコマンドを組み合わせて使うことで、ほとんどの機械図面の作図が行えます。コマンドにはさまざまなオプションもあるので、作図実習で使わなかったオプションも試してみてください。作図の幅も広がります。

また、補助線を極力かかずに作図を行うことで作業スピードが上がります。エンティティトラック（Eトラック）やEスナップ上書きの［始点］（P.122参照）などを積極的に使っていきましょう。

索引

記号・数字

φ	111, 134
%%C	111, 135
%%D	135
%%O	135
%%P	135
%%U	135
(R)	161, 163
< >	110
3点円	251

A

ANGLEDIMENSION	204
ANSI31	196, 198

B

BASELINEDIMENSION	203

C

C（45°の面取り）	111
CHAMFER	220, 224
CIRCLE	77, 84, 126, 155, 174
COPY	77, 90, 129, 149, 191
CR（コントロール半径）	111

D

DIAMETERDIMENSION	108
DraftSightのアクティベーション	31
DraftSightのインストール	29
DraftSightの起動	35
DraftSightのシステム要件とラインアップ	26
DraftSightのダウンロード	27

E

EDITLENGTH	77, 89, 127, 158, 193
ELLIPSE	183, 189
EXPLODE	140, 162
EXTEND	259, 267
[Eスナップ]	54, 61, 79
Eスナップ上書き	66
［2点間の中点］	252
［近接点］	195
［始点］	122, 123, 174
［正接］	170
Eスナップキュー	63
[Eトラック]	54, 65, 84, 85

F

FILLET	140, 143, 175

H

HATCH	118, 137, 196

I

INFINITELINE	140, 151
INSERTBLOCK	140, 147

J

JIS	15

L

LAYER	78, 113
LINE	77, 86, 94, 121, 166
LINEARDIMENSION	100, 107, 200

M

MARKDIVISIONS	280
MIRROR	220, 227
MOVE	241, 256

O

OFFSET	118, 124, 131, 145, 167, 184

P

P.C.D.	238
PARALLELDIMENSION	199
PATTERN	209, 213
PDF書き出し	113
POINT	280
POLYGON	241, 242
POLYLINE	140, 141, 184

R

R（半径）	111
RADIUSDIMENSION	160
RECTANGLE	77, 82, 93, 120
RING	279
ROTATE	269, 270

S

Sφ	111
SCALE	259, 260
SIMPLENOTE	165, 180
SMARTLEADER	209, 217
SPLINE	183, 195
SPLIT	275
SPLIT@POINT	275, 276
SR（球半径）	111
STRETCH	259, 262

T

t（厚さ）	111, 161, 163, 181
TRIM	118, 125, 154, 172

W

WELD	220, 233

あ

アクティベーション ……………………………………… 31
厚さ（t） ……………………………… 111, 161, 163, 181
［アプリケーション］ボタン ………………………… 35, 36
アプリケーションメニュー ……………………………… 36

い

［移動］コマンド …………………………………… 241, 256
色の変更 ………………………………………………… 33
印刷 …………………………………………………… 113

う

ウィンドウ選択 ………………………………………… 69, 72
ウィンドウ操作ボタン ………………………………… 35, 37

え

エイリアス ……………………………………………… 50
［円形状］ ………………………………… 54, 59, 79, 84, 91, 92
円形状座標 …………………………………………… 53, 54
［円］コマンド ……………………… 77, 84, 126, 155, 174
　　　［3点］オプション ……………………………… 251
　　　オプション …………………………………… 169
　　　接円の作図 …………………………………… 168
［延長］コマンド ……………………………… 259, 267
　　　～の代わりに［トリム］コマンドを使う ……… 272
エンティティ …………………………………………… 37
エンティティグリップ …………………………………… 68
エンティティの削除 …………………………………… 73
エンティティの選択と選択解除 ……………………… 68
円の大きさ変更 ……………………………………… 130

お

オブジェクト ……………………………………………… 37
オプション ……………………………………………… 52
オフセット
　　　オフセット後にフィレットをかける場合 ……… 147
　　　ポリラインと線分による連続線のオフセット … 146
　　　面取りやフィレットのある四角形のオフセット … 211
［オフセット］コマンド …… 118, 124, 131, 145, 167, 184
　　　［通過点（T）］オプション ……………………… 188
　　　［複数（M）］オプション ……………………… 188

か

カーソル ………………………………………………… 36
［回転］コマンド ……………………………………… 269
　　　現在位置からの角度を数値で指定して回転 … 270
　　　［参照（R）］オプション ……………………… 274
　　　任意の位置を指定して回転 ………………… 273
回転図示断面図 ……………………………………… 118
拡張子の表示 ………………………………………… 34
角度寸法コマンド …………………………………… 204
角度の＋方向、－方向 ………………………………… 55
かくれ線の省略 ……………………………………… 194
ガスケット …………………………………………… 208
画層 …………………………………………………… 80
　　　切り替え ………………………………………… 86
［画層マネージャー］コマンド ……………………… 78, 113
片側断面図 ……………………………………… 118, 219, 220

画面

画面各部名称 ………………………………………… 35
画面操作 ……………………………………………… 45
画面の移動 …………………………………………… 46
画面の拡大・縮小 …………………………………… 45
［簡易注釈］コマンド ……………………………… 165, 180
簡易注釈の編集 ……………………………………… 181

き

キー溝 ………………………………………… 221, 232
機械系CAD …………………………………………… 12
機械製図の規格 ……………………………………… 15
機械部品 …………………………………………… 207
機械要素 …………………………………………… 207
規格 …………………………………………………… 15
幾何公差 …………………………………………… 135
キューブの作図 ……………………………………… 117
［鏡像］コマンド ……………………………… 220, 227
許容差 ……………………………………………… 135

く

クイックアクセスツールバー ……………………… 35, 37
クラシックユーザーインタフェース …………………… 38
グラフィックス領域 ……………………………… 35, 36
［グリッド］ …………………………………………… 54, 56
グリップ ……………………………………………… 68, 112
グリップ編集 ……………… 156, 178, 205, 254, 266

け

継続寸法コマンド …………………………………… 104
［結合］コマンド ……………………………… 220, 233
現尺 …………………………………………………… 16

こ

交差選択 ……………………………………………… 69, 72
［構築線］コマンド …………………………………… 140
　　　［オフセット（O）］オプション ………………… 261
　　　垂直な構築線の作図 ………………………… 151
　　　水平な構築線の作図 ………………………… 152
［コピー］コマンド ……………… 77, 90, 129, 149, 191
コマンドウィンドウ …………………………… 35, 37, 50
コマンドオプション …………………………………… 52
コマンドの実行とキャンセル／終了方法 ……………… 49
コマンド名のキー入力 ………………………………… 50

さ

再構築 ………………………………………………… 48
サイズ公差 ………………………………………… 135
［削除］コマンド ………………………………………… 73
作図オプションの設定 ………………………………… 79
作図ツール …………………………………… 35, 37, 53
座標記号 ……………………………………………… 35, 36
座標系アイコン ………………………………………… 36
座標入力 ……………………………………………… 53
三面図 ………………………………………………… 22

し

シートタブ …………………………………………… 35, 37
シール ……………………………………………… 208

[四角形] コマンド	77, 82, 93, 120
［面取り (C)］オプション	210
尺度	16, 100
[尺度] コマンド	259, 260
縮尺	16
主投影図	22
正面図	22

す

ストッパーの作図	164
[ストレッチ] コマンド	259, 262
伸縮や変形の詳細	264
[スナップ]	54, 56
[スプライン] コマンド	183, 195
[スマート引出線] コマンド	209, 217
スマート引出線の文字の修正	265
スマート引出線の文字を傾ける	239
図面に用いる文字	19
図面の尺度	16
図面ファイルの新規作成	78
図枠	15
寸法	19
角度寸法コマンド	204
継続寸法コマンド	104
寸法記入の規定と寸法配置の注意点	20
寸法コマンド	78
寸法の調整や編集	112
寸法の編集	161
寸法をかくための画層に切り替える	99
狭い範囲の寸法	102
縦方向の寸法	107
直径寸法コマンド	108
直径寸法に文字を追加	109
長さ寸法コマンド	100, 107
長さ寸法コマンドの [回転 (R)] オプション	200
長さ寸法コマンドの [回転 (R)] オプションと平行寸法の違い	202
長さ寸法に直径記号を表示	134
半径寸法コマンド	160, 216
平行寸法コマンド	199
並列寸法コマンド	105, 107, 203
面取り寸法	217
寸法公差	135
寸法数値	19
寸法数値の位置調整	205
寸法線	19
寸法線の間隔	101
寸法線を上下左右に配置できる場合	103
寸法補助記号	19, 111
寸法補助線	19
寸法補助線と矢印、寸法線の非表示	237

せ

接円の作図	168
接線の作図	170
絶対座標入力	53, 54
全画面表示	46
線種	88

線種と線の太さ	17
線種の優先順位	18, 102, 202
全断面図	117, 118
[線分] コマンド	77, 86, 94, 121
接線の作図	170
連続した直線を作図	165
連続線のオフセット	146
連続線のフィレット	146

そ

相対座標入力	53, 54, 82, 92
側面図	22
側面図の省略	221

た

第一角法	22
第三角法	22, 23
対称図示記号	221
タイトルバー	35, 37
楕円コマンド	183, 189
多角形（ポリゴン）の作図	241, 242
単位	20, 83
端末記号	19
断面図	118
回転図示断面図	118
片側断面図	118, 219, 220
全断面図	117, 118
断面部の作図	195
部分断面図	118, 182, 195

ち

[注釈] コマンド	165
注釈尺度	100
中心線の線種	88
中心線の優先順位	102
中心マーク	16
直径記号	134
直径寸法コマンド	108
直径寸法に文字を追加	109
[直交]	54, 57
直交座標	53, 54

て

[点] コマンド	279
[点で分割] コマンド	275, 276
テンプレート	41

と

投影図	22
投影図の省略	99
投影線	150
投影法の種類	22
透視投影	22
留め金の作図	182
[トリム] コマンド	118, 125, 154, 172
［消去 (R)］オプション	172
トリムでなく延長する	272
トリムのされ方の詳細	173

283

トリムモード	143

な

長さ寸法コマンド	100, 107
長さ寸法コマンドの［回転 (R)］オプション	200
平行寸法との違い	202
長さ寸法に直径記号を表示	134
［長さ変更］コマンド	77, 89
オプション	89
［増分 (I)］オプション	89, 127, 193
［ダイナミック (D)］オプション	158

は

倍尺	16
配列複写	209, 212
歯車の各部名称	220
歯車の作図	219
歯車の略図に使う線	220
歯先円	220, 221
［パターン］コマンド	209, 213
パッキンの作図	208
［ハッチング］コマンド	118, 137, 196
ハッチングの角度	198
歯底円	220, 221
板金	139
板金図	139
半径寸法コマンド	160, 216
小さな半径寸法の記入	217

ひ

比較目盛	16
引出線	19
引出線の文字の修正	265
ピッチ円	220, 221
ピッチ円直径 (P.C.D.)	238
表題欄	15, 16

ふ

ファイル操作	40
ファイルタブ	35, 36
ファイルの種類	43
フィレット	
オフセット後にフィレットをかける場合	147
フィレットや面取りのある四角形のオフセット	211
ポリラインと線分による連続線のフィレット	146
［フィレット］コマンド	140, 143, 175
トリムモード	143
［複数 (M)］オプション	176
［ポリライン (P)］オプション	214
フックの作図	139
部分断面図	118, 182, 195
プレートの作図	76
ブロック	148
［ブロック挿入］コマンド	140, 147
プロパティパレット	35, 37, 81, 110, 112, 130, 134, 135, 161, 179, 181, 216, 237, 238, 255
［分解］コマンド	140, 147, 162
［分割］コマンド	275, 277

へ

平行寸法コマンド	199
長さ寸法の［回転 (R)］オプションとの違い	202
平行投影	22
平面図	22
並列寸法コマンド	105, 107, 203
変更履歴表	16

ほ

ポインタ	35, 36
ポインタキュー	63
ホームパレット	35, 37
［ポリゴン］コマンド	241, 242
［ポリライン］コマンド	140, 141, 184
連続線のオフセット	146
連続線のフィレット	146
ポリラインの分解	162

ま

［マーク分割］コマンド	280

め

［面取り］コマンド	220, 224, 247
面取りした四角形の作図	209
面取り寸法	217
面取り部の修正	265
面取りやフィレットのある四角形のオフセット	211

も

モデルタブ	35, 37

よ

用紙サイズ	15

り

リボン	35, 39
リボンベースユーザーインタフェース	35, 38
輪郭線	16
［リング］コマンド	279

れ

レイヤー	80

ろ

六角ボルトの作図	240
六角ボルトの図面の修正	258

わ

ワークスペース	38

送付先FAX番号▶03-3403-0582　メールアドレス▶info@xknowledge.co.jp
インターネットからのお問合せ▶http://xknowledge-books.jp/support/toiawase

FAX質問シート

DraftSightできちんと機械製図ができるようになる本

以下を必ずお読みになり、ご了承いただいた場合のみご質問をお送りください。

- 「本書の手順通り操作したが記載されているような結果にならない」といった本書記事に直接関係のある質問にのみご回答いたします。「このようなことがしたい」「このようなときはどうすればよいか」など特定のユーザー向けの操作方法や問題解決方法については受け付けておりません。
- 本質問シートでFAXまたはメールにてお送りいただいた質問のみ受け付けております。お電話による質問はお受けできません。
- 本質問シートはコピーしてお使いください。また、必要事項に記入漏れがある場合はご回答できない場合がございます。
- メールの場合は、書名と本シートの項目を必ずご記入のうえ、送信してください。
- ご質問の内容によってはご回答できない場合や日数を要する場合がございます。
- パソコンやOSそのもの、ご使用の機器や環境についての操作方法・トラブルなどの質問は受け付けておりません。

ふりがな

氏名　　　　　　　　　　　　　　　　　年齢　　　　歳　　　性別　男　・　女

回答送付先（FAXまたはメールのいずれかに○印を付け、FAX番号またはメールアドレスをご記入ください）

FAX　・　メール

※送付先ははっきりとわかりやすくご記入ください。判読できない場合はご回答いたしかねます。　※電話による回答はいたしておりません

ご質問の内容（本書記事のページおよび具体的なご質問の内容）
※例）2-1-3の手順4までは操作できるが、手順5の結果が別紙画面のようになって解決しない。

【本書　　　　　　ページ　～　　　　　　ページ】

ご使用のWindowsのバージョンとビット数　※該当するものに○印を付けてください
　10　　　8.1　　　8　　　7　　　その他（　　　　　　　　　　）　　　32bit　／　64bit
DraftSightのバージョン　※例）2018
　（　　　　　　　　　）

世界で最も使われている 3 次元 CAD SOLIDWORKS

ᗵS SOLIDWORKS

― ソリッドワークス ENGINEERING NEWS ―

DraftSight にご興味のある皆様。月 1 回のニュースレターはいかがですか？最新の製品情報、技術情報、イベント、ニュースなど様々な角度から設計者皆様にお役立ていただける新鮮で革新的な情報をお届けしております。

申込 / アーカイブ
ニュースレター

solidworks.co.jp/xnewsletter_swj

― オンライントライアル ―

専用サイトより、ソリッドワークスを 60 分（最大 120 分）体験いただけます。いつでもどこでも ソリッドワークス 60 分、今すぐお試し下さい。

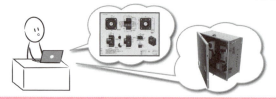

いつでもどこでも
60 分の無料体験

solidworks.co.jp/xtrial60_swj

この他にも SOLIDWORKS JAPAN 公式の情報を日本語でお伝えしております。

じっくり読みたい方へ

日本語ブログ
Blog

solidworks.co.jp/xblog_swj

「いいね！」をお待ちしております

リアルタイムに更新
Facebook

solidworks.co.jp/xfacebook_swj

DraftSight®
Your software. Your vision. Your community.

ユーザー様のよくある悩み

「今の使い方のままでいい？」
「もっと効率の良い方法は？」

「DraftSight の質問はどこにすればいい？」

「SOLIDWORKS の 3 次元 CAD のメリットとは？」
「有償版はどれだけメリットがある？」

そんな時は・・・

こちらで悩み解決しませんか？

DraftSight 日本語特設サイト
solidworks.co.jp/xdraftsight_swj

特設サイトで得られる解決のヒント

- よくあるご質問
- セミナー＆イベントページ
- 2 次元と 3 次元 CAD の使いこなしヒント
- 有償版をお勧めする 7 つの理由

SOLIDWORKS 及び DraftSight は米国および他の国々における Dassault Systemes の登録商標です。記載されている他の社名または製品名は各所有者に帰属します。

3DEXPERIENCE®

DASSAULT SYSTEMES | The **3DEXPERIENCE**® Company

<著者紹介>

吉田 裕美(よしだ ひろみ)

大手自動車会社に入社後、研究開発部門での設計を経て独立。
現在は設計事務所を営むかたわら、ビジネス系スクールでのCAD講座カリキュラム作成、映像教材の開発を手がけ、職業訓練センターや専門学校などでは製図講座や2次元、3次元CAD講座、資格対策講座の講師をしている。

DraftSightできちんと機械製図ができるようになる本
DraftSight 2018/2017対応

2018年4月27日　初版第1刷発行

著　者─────吉田裕美

発行者─────澤井聖一
発行所─────株式会社エクスナレッジ
　　　　　　　〒106-0032　東京都港区六本木7-2-26
　　　　　　　http://www.xknowledge.co.jp

問合せ先
編集　285ページのFAX質問シートを参照してください
販売　TEL 03-3403-1321／FAX 03-3403-1829／info@xknowledge.co.jp

無断転載の禁止
本誌掲載記事(本文、図表、イラスト等)を当社および著作権者の承諾なしに無断で転載(翻訳、複写、データベースへの入力、インターネットでの掲載等)することを禁じます。

©2018 Hiromi Yoshida